KB074137

물리학의 재발견(상)

물질로부터 공간으로

다카노 요시로 지음
한명수 옮김

전파과학사

머리말

이 책은 물리학의 해설서가 아니다. 물리학의 이해를 위한 책이 아니라, 물리학의 재발견을 위한 책이다. 독자가 자기 나름대로의 관점에서 물리학을 고쳐 쓰고, 자기 자신의 물리학을 창조하려고 시도할 때 조금이라도 도움이 되기를 바라면서 쓴 책이다. 참된 이해는 또한 스스로에 의한 재발견을 통해서만 가능할 것이다.

그리고 기성 학문의 재발견은 그대로 미지의 세계로의 탐구로 이어진다. 재발견 과정에서의 사고의 반응, 상상의 즐거움은 독자로 하여금 더욱 지적 세계의 미지의 영역에 대한 모험을 하게 만들 것이다.

르네상스 이후, 모든 학문은 뉴턴역학을 규범으로 하여 형성되어 왔다. 물리학이야말로 인간에 의한 지적 창조의 전형을 이루는 것이라고 할 수 있다.

물리학의 원리와 법칙은 확실히 객관적, 보편적인 것이기는 하지만, 그 창조 과정에는 생생한 개성의 약동이 있어야만 한다. 가장 생생한 것, 그것이 바로 진실이다.

물리학의 역사를 돌이켜보면 그 커다란 변혁은 늘 기초 개념에 대한 날카로운 반성을 통해서 나타난다. 이론물리학을 전공한 저자는 소립자를 시간, 공간과의 관련 아래에서 파악하는 것이야말로 다가올 물리학의 과제라고 생각하고 있다.

이런 입장에서 공간의 학문으로서 물리학을 전개한 것이 이 책이다. 물질보다 시간과 공간이, 소재보다 양식(樣式)이 이 책의 주제이다.

상이한 두 공간 개념에 대응하여 이 책은 두 권으로 나뉜다. 상(上)권은 물질과 공허한 공간의 물리학, 하(下)권은 물질로 충만한 공간의 물리학이다. 상(上)권은 역학(力學)이고 열학(熱學)도 이것에 포함된다. 하(下)권은 장(場)의 이론에 해당하며 연속체의 역학, 광학, 전자기학, 상대성이론, 양자론이 다루어진다.

이 책을 집필하도록 권해 주신 분은 도쿄대학 교수 오노(小野健一) 박사이다. 박사는 저자의 존경하는 선배이고 또 평소에도 늘 유익한 가르침을 주는 분이다. 여기에 깊이 감사의 뜻을 표한다.

또 고단사(講談社)의 수에다케, 호리고시 두 분에게는 국제회의 등으로 집필이 늦어진 점을 사과드리며 출판에 즈음하여 충심으로부터의 협력에 두터운 감사를 드린다.

요코하마에서
다카노 요시로

차 례

1. 낙하운동

—물질로 충만한 공간, 공허한 공간

중력, 이 불가사의한 것

물체는 왜 떨어지는가?

그것은 중력이 작용하고 있기 때문이라고 한다.

중력은 진공을 사이에 두고도 작용하며, 아무리 먼 거리라도 순간적으로 전해진다고 여겨진다.

그러나 이것은 매우 이상한 일이 아닌가?

말이 수레를 끄는 힘은 고삐를 통해서 전해지며, 소리는 공기를 통해서 전해진다. 작용은 모두 무엇인가를 통해서 전해지는 것이다. 아무것도 없는 곳에서 작용이 전달될 수 있을까?

또 전해지는 속도만 하더라도 가장 빠르다고 생각되는 빛의 속도가 1초 동안에 30만 킬로미터이지만, 그렇더라도 어디까지나 유한한 속도이다. 순간적으로, 즉 무한대의 속도로 전해지는 것이 가능할까?

중력이 작용한다고 해도 이것에는 아직 여러 가지 문제가 있을 것 같다.

게다가 실제로 우리가 경험하는 것은 물체가 떨어진다는 운동일 뿐, 중력 자체를 직접 경험하고 있는 것은 아니다. 낙하운동을 설명하기 위하여 그 원인으로 중력이라는 가설을 세워놓고 있는 것이다.

낙하운동은 역시 자연에 대한 본질적인 문제를 내포하고 있다고 생각된다.

피사의 사탑까지 올라갈 것도 없어

낙하운동이라고 하면 곧 갈릴레오의 피사의 사탑에서의 실험이 머리에 떠오른다. 이 실험은 아리스토텔레스의 「무거운 물

〈그림 1〉 머릿속에서 낙하운동의 실험을 해 보자

체일수록 빠르게 떨어진다」, 「낙하운동의 속도는 물체의 무게에 비례한다」는 주장을 깨뜨리기 위하여 했던 실험이다.

피사의 사탑에 일부러 오르지 않더라도, 이론적으로 아리스토텔레스의 주장이 옳지 못하다는 것을 쉽게 제시할 수 있다.

이를테면 무게가 1인 물체와 2인 물체가 있다고 하자. 아리스토텔레스에 따르면 이것들은 각각 1:2의 속도로 떨어질 것이다. 그러면 이 두 물체를 가는 끈으로 매어 보자. 그러면 빠른 쪽 물체는 느린 쪽의 물체 때문에, 얼마쯤 속도가 늦추어지고, 느린 쪽의 물체는 빠른 쪽 물체 때문에 얼마쯤 빨라져서 전체로서는 1과 2의 중간 속도로 낙하할 것이다. 그러나 1과 2를 결합한 것은 3의 무게를 가졌기 때문에, 3의 속도로 낙하해야 할 것이 아닌가?

아리스토텔레스의 주장은 그 자체에 모순을 지니고 있다.

이런 일도 생각할 수 있다. 만약 아리스토텔레스가 옳다고 한다면, 낙하산 대신 가벼운 물체를 가지고 뛰어내려도 될 것이다.

또 아무것도 가지지 않더라도 인간은 두 부분, 이를테면 머리와 동체를 결합한 것이므로, 머리의 속도와 동체의 속도의 중간 속도로 떨어질 것이다. 신체를 나누는 방법이나 나누는 개수를 3개, 4개로 바꾸어 생각하면 여러 가지 속도의 낙하를 즐길 수도 있다.

이런 논의들은 낙하운동의 속도가 무게에 비례할 경우에만 한하는 것이 아니라, 일반적으로 속도가 무게에 따라 다르다면 언제든지 성립될 것이 명백하다.

따라서 우리는 다음과 같은 결론에 다다른다. 「낙하운동의 속도는 물체의 무게에는 의존하지 않는다.」

인간의 공간, 원숭이의 공간

우리는 여러 가지 자연현상 속에서 살고 있는데, 그 경험들을 통해서 현상이 일어나고 있는 장소, 공간에 대해서도 어떤 이미지를 갖고 있는 것이 아닐까?

그리고 공간의 이미지는 여러 가지 물질로부터의 유추(類推)에 의해서 형성된다. 이를테면 팥고물을 반죽해서 만든 양갱과, 팥이 그냥 알갱이로 들어간 양갱은 어느 부분을 취하더라도 질이 같지만 팥알이 들어간 양갱은 부분에 따라 질이 다르다. 이

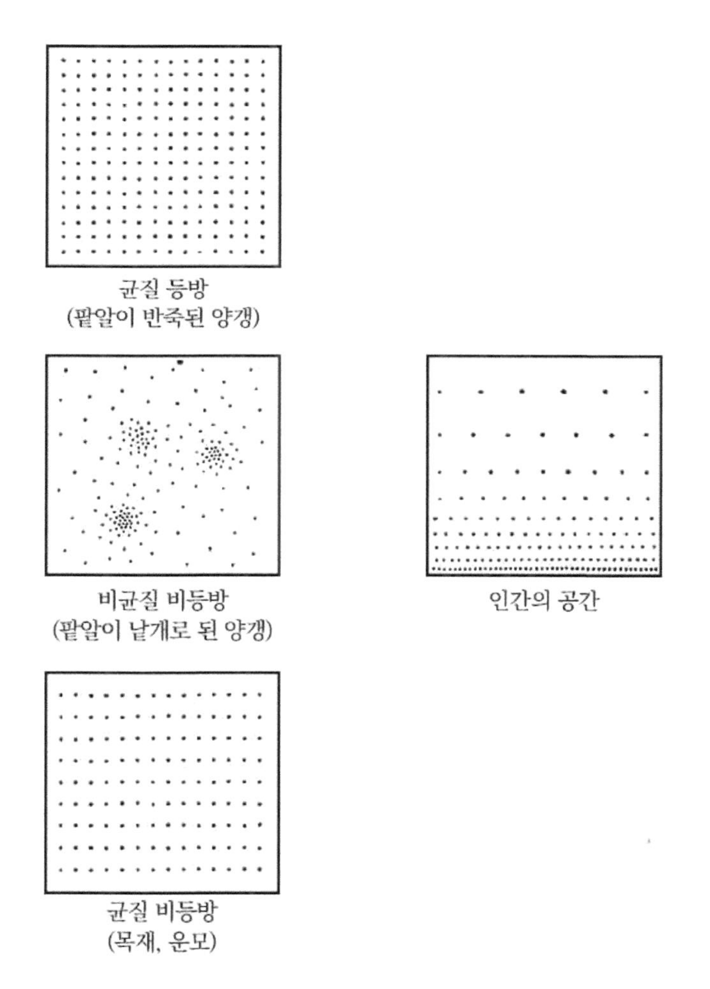

〈그림 2〉 여러 가지 공간의 이미지

것들은 각각 균질(均質)인 공간, 비균질인 공간을 유추하게 할 것이다. 또 목재나 운모는 방향에 따라 성질이 다르지만, 유리는 어느 방향으로도 같은 성질을 나타낸다. 비등방적인 공간, 등방적인 공간을 각각 유추하게 한다.

우리의 공간에서 물체는 수평 방향으로는 저절로 움직이는 일이 없는데도, 위에서부터 아래로는 저절로 움직인다. 우리 인간도 수평 방향으로 움직이는 일은 쉽지만, 위로 올라가기는 힘들다. 이런 경험은 공간에 대한 다음과 같은 이미지를 형성하고 있는 것으로 생각된다.

이 공간은 수평 방향과 상하 방향에서의 구조가 달리돼 있다. 즉 등방적이 아니다. 또 공간은 수평 방향으로는 어디라도 같은 성질을 지니고 있지만, 상하 방향에서는 높이에 따라 차츰 성질이 바뀐다. 즉 수평 방향으로는 균질이지만, 상하 방향으로는 균질이 아니다. 이를테면 흙탕물을 한참 동안 가만히 두었을 때처럼, 상하 방향으로 연속적으로 질을 바꾸어가면서 수평 방향으로 층을 이루는 공간의 이미지다.

그러나 원숭이에게 있어서는 어떨까? 그들은 나무 타기가 장기이기 때문에, 이 공간이 수평 방향과 상하 방향에서 인간만큼 다르다고 느끼지 않을 것이다. 하물며 새에게 있어서 이 공간은 거의 등방적이며 균질일 것이 틀림없다.

있는 건 있고, 없는 건 없다

그렇다면 「낙하운동의 속도는 물체의 무게에 의존하지 않는다」는 갈릴레오의 법칙이나, 「낙하운동의 속도는 물체의 무게에 비례한다」는 아리스토텔레스의 법칙은 각각 어떤 공간 개념을 이끌어내고 또는 어떤 공간 개념에 의해서 지탱되고 있을까?

그런데 무게라고 하는 것에 대해 말하자면, 큰 돌은 작은 돌보다 무겁고, 같은 크기라도 납으로 만든 공은 쇠공보다 무겁다. 즉 같은 물질, 같은 비중의 것은 부피에 따라 무게가 달라지며, 다른 물질, 다른 비중의 것이라면 부피가 같더라도 무게가 달라진다.

지금 아리스토텔레스의 「무거운 물체일수록 빨리 떨어진다」는 표현을 「비중이 큰 물체일수록 빨리 떨어진다」는 뜻이라고 해석해 보자. 한편 「속도는 무게에 의존하지 않는다」는 법칙은 「속도는 비중에 의존하지 않는다」는 내용마저 포함하고 있다. 그렇다면 아리스토텔레스, 갈릴레오의 어느 법칙에 따르더라도 큰 돌과 작은 돌은 같은 속도가 되는데, 납은 쇠보다 빠르게 떨어지느냐 또는 같은 속도로 떨어지느냐가 다른 셈이다.

여기서 아리스토텔레스에 의한 낙하운동의 법칙을 좀 더 자세히 적어 두겠다.

⑴ 무게가 다른 물체는 같은 매질(媒質) 속에서 서로 그 무게에 비례한 속도로 운동한다.

⑵ 다른 매질 속을 운동할 때, 물질의 속도는 그들 매질의 밀도(비중)에 반비례한다.

아리스토텔레스에 따르면 지구상의 물체는 모두 불, 공기, 물, 흙의 4원소로써 이루어졌고, 또 이것들은 위로부터 아래로, 불, 공기, 물, 흙의 순서로 고유한 장소를 갖는다. 그리고 만약 이것들의 순서가 어긋나면 저마다 고유 장소로 되돌아가려는 운동이 일어난다. 이를테면 돌은 공기 속이나 물속에 두면 낙하할 것이고, 물속의 공기는 거품이 돼 상승한다. 또 무게(비중)의 차이가 클수록 고유 장소로 돌아가려는 경향성이 강하다고 하여 법칙 ⑴, ⑵가 이끌어졌다.

낙하운동의 속도가 낙체(落体)를 만드는 물질의 종류에 따라 달라진다면, 운동의 원인도 물질의 종류에 따라 다른 효과를 낳게 돼야 한다. 그리고 이것은 낙체와 매질의 물질 상호의 비중 관계가 운동의 속도를 결정하는 것으로 설명되고 있다. 즉, 운동의 원인을 물질 이외에서가 아니라, 물질의 존재 그 자체에서 찾고 있다.

그리고 이 공간은 수평 방향으로 층을 이루고 있으므로 수평 방향과 상하 방향에 있어서는 등방적이 아니며, 수평 방향으로는 균질이지만, 상하 방향에는 균질이 아니다. 이런 공간이 우리의 소박한 이미지를 채워놓고 있는 것이 분명하다.

그런데 법칙 (2)에 따르면, 매질의 밀도가 제로가 될 때, 즉 진공 속에서는 낙하운동의 속도는 무한대가 돼버린다. 그러나 시간이 걸리지 않는 운동이란 있을 수 없으므로, 진공은 존재하지 않는다고 결론짓게 된다. 그리고 운동은 물의 소용돌이처럼 물체가 서로 교대 이동을 하는 것으로서 가능해질 것이다.

게다가 운동을 한다는 것은 공간 속에서 특별한 한 방향을 선택한다는 것이므로, 만약 물체의 주위가 모두 진공이었다면 물체에 있어서는 어떤 방향도 다 균일하며 운동을 일으킬 방향을 선택할 근거가 없고, 운동은 일어나지 않는 것이 된다.

그런데 진공이란 물론 아무것도 없는 것이다. 따라서 진공의 존재를 부정한다는 것은 물질이 존재하지 않는 곳에는 공간도 없고, 물질이 존재하는 곳에만 공간이 있다고 주장하는 것이 된다. 파르메니데스가 말했듯이 「있는 건 있고, 없는 건 없다.」

물리 공간과 기하 공간

그런데 낙하운동의 속도는 물체를 만들고 있는 물질의 비중에 의존하지 않는다. 따라서 물질의 종류에 의존하지 않는다면, 낙하운동의 원인 또한 물질의 종류에 상관없이 같은 작용을 해야 할 것이다. 중력은 이런 요구를 충족시켜 주는 낙하운동의 원인으로서 등장한 것이다. 그것은 달에도 사과에도 마찬가지로 작용하지 않으면 안 되는 것이다.

지금 공간 도처에서 위로부터 아래로 중력이 작용하고 있다면, 공간에 대한 우리의 소박한 이미지, 수평 방향과 상하 방향의 비등방성, 상하 방향의 비균질성은 모조리 중력에 귀착하게 되고, 도처가 균질하며 어느 쪽을 향하더라도 등방적인 공간이 우리에게 남겨지게 된다.

게다가 낙하운동의 원인을 중력이라고 생각할 때, 공기 등 낙체 주위의 매질은 낙하운동에 본질적인 역할을 하는 존재가 아니라, 저항으로서 작용하는 부차적인 존재에 불과하다. 오히려 진공에서만 순수한 낙하운동이 일어날 수 있다.

즉 여기에 두 가지의 전형적인, 그러면서도 서로 대립되는 공간의 이미지가 나타났다. 한편에서 공간은 단순한 연장이고 넓이며, 물질과는 전혀 독립적인 존재다. 이것은 기하학의 대상으로서의 공간, 기하 공간(幾何空間)이라고 해도 된다. 한편 공간과 물질은 서로 독립된 존재가 아니며 물질을 떠난 공간이란 있을 수 없다. 너비가 있는 곳에 물질이 있고, 물질이 있는 곳에 너비가 있다. 이런 공간을 물리 공간(物理空間)이라고 부르기로 하자.

공간에 대한 이 두 이미지는, 다양한 양태로 변화를 수반하면서 늘 물리학의 진보를 떠받쳐 간다.

지구중심설의 공간, 태양중심설의 공간

또 공간의 이미지가 천문학과 깊숙이 관련돼 있다는 것도 간과할 수 없다.

지구중심설을 취하여 지구를 우주의 중심이라는 특별한 자리에 두는 한, 수평 방향과 상하 방향의 비등방성이나 상하 방향에서의 비균질성은 아리스토텔레스의 주장에서 볼 수 있듯이 오히려 당연한 일일 것이다. 그러나 태양중심설에서 공간은 이미 지구라는 특별한 중심을 갖고 있지 않다. 천체는 등방, 균질인 공간을 운행한다.

그리고 균질, 등방인 공간은 물질의 존재에 의해 지탱될 필요가 없고, 공허한 기하학적인 공간이 나타난다.

태양중심설은 게다가 우주의 무한성, 즉 공간의 무한성으로 나아간다. 만약 우주가, 공간이 유한이라면 그 중심부와 주변부는 성질이 달리돼 있을 것이다. 균질의 공간이 갑자기 단절되는 일은 필연성이 부족하다. 또 공간의 비등방성도 저마다의 방향에 있어서 주변부의 차이와 대응해 있는 것처럼 생각된다.

공간의 균질성, 등방성은 무한성과 비균질성, 비등방성은 유한성과 밀접하게 결부돼 있다.

우리의 정감(情感)을 채워주는 공간, 그것은 저 동양화에 서린 분위기, 부드럽고 윤기를 띤 공간일 것이다. 이런 풍토에서 사는 사람들에게는 공간이란 더없이 투명한 것일지 모른다. 무언가에 의해 충만한 공간, 공허한 공간, 살갗에 닿는 자연에의 친근감이 과학적 사고의 배후에 작용하지 않는다고 누가 말할 수 있겠는가?

어쨌든 물질과 공간의 관계야말로, 물리학의 가장 심원한 문제이며, 그것이 또한 이 책에 일관하여 흐르고 있는 주제이기도 하다.

가정은 모순을 포함하지 않는가

이야기를 다시 되돌려 보자. 우리는 낙하운동의 속력이 물체의 무게에 의존하지 않는다는 것을 밝혔다. 그러나 이것은 낙하운동의 속력이 일정하다는 것이 아니다. 실제로 낙하하는 물체는, 처음에는 그것을 눈으로 쫓아갈 수 있지만, 막바지에는 눈에도 띄지 않을 정도의 속력이 된다. 또 낙하를 손으로 받으면 그것을 높은 곳에서 떨어뜨릴수록 반응이 강해지고, 높은 곳으로부터 떨어진 물체일수록 파괴되기 쉽다. 그러므로 낙하운동의 속력은 운동이 진행됨에 따라 차츰 빨라진다는 것을 알 수 있다.

그러면 낙하운동의 속력은, 운동의 진행과 더불어 어떻게 증대할까?

우선 생각할 수 있는 것은, 낙하운동의 속력은 낙하거리와 더불어 증대하는 것이 아니겠느냐는 것이다. 그래서 간단히 「낙하운동의 속력은 낙하거리에 비례한다」고 가정해 보자. 즉 낙하거리가 2배가 되면 속력도 2배로, 거리가 3배가 되면 속력도 3배가 된다고 가정하자.

지금, 같은 물체가 1의 거리 AE_1만큼 낙하했을 때와 2의 거리 AE_2를 낙하했을 때를 비교해 보자. 가정에 따르면 E_2에서의 물체의 속력은 E_1에서의 속력의 2배다. 다음에 AE_1의 중간

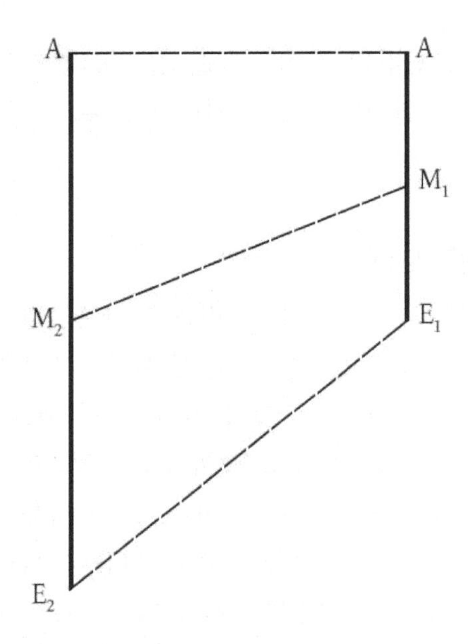

〈그림 3〉 낙하운동의 속력은 낙하거리에 비례하는가?

점 M_1과 AE_2의 중간점 M_2를 생각하면, AM_2는 AM_1 2배의 거리이므로, M_2에서 물체의 속력은 M_1에서의 속력의 2배일 것이다.

이것은 AE_1과 AE_2를 1:1로 나누는 점을 대응시켜서 생각했지만, 마찬가지로 AE_1과 AE_2를 여러 가지의 비, 1:2, 2:1, 1:3……으로 나누는 점을 각각 대응시키면, A로부터 이들 대응하는 두 점까지의 거리의 비는 늘 1:2이며, 따라서 여기에 대응하는 두 점에서의 속도는 늘 1:2이다. 즉 AE_2 위의 모든 점에서의 속력은 AE_1 위의 그것에 대응하는 점에서의 속력의 늘 2배이다.

결국 1:2의 거리를 어디서나 1:2의 속력으로 운동하므로 그것들에 소요되는 시간은 서로 같다는 것이 될 것이다. 즉 상이한 거리를 같은 시간에 낙하하는 것이 돼버린다.

그런데 우리는 이상의 논의에서, 운동의 진행 상태를 재는 척도로서 낙하거리를 사용했다. 그러나 또 하나의 척도로서 낙하시간을 쓸 수도 있다. 즉 운동의 진행 상태를 측정하는 데는, 공간적인 척도와 시간적인 척도가 있다.

그래서 이번에는 낙하운동의 속력이 낙하시간과 더불어 증대하는 것이 아닌가를 생각해 보자. 간단히 「낙하운동의 속력은 낙하시간에 비례한다」고 가정해 보자. 즉 낙하시간이 2배가 되면 속력도 2배로, 시간이 3배가 되면 속력도 3배가 되는 것으로 가정한다. 속력을 v, 낙하시간을 t로 하면 이 가정은

$$v \propto t \qquad \cdots\cdots\cdots\cdots\cdots \quad \langle 수식\ 1\text{-}1 \rangle$$

로 나타낼 수 있다.

비근한 가속도

논의를 진행하기 전에, 여기서 한두 가지 술어를 설명해 두겠다.

잘 알려져 있듯이 속력은 1초간에 몇 m, 1시간에 몇 ㎞ 등으로 측정된다. 얼마만 한 시간에 얼마만 한 거리를 움직이느냐, 운동거리의 운동시간에 대한 비율이 속력이다. 그러나 운동을 나타내는 데는 속력만으로는 충분하지 못하며, 동서 방향 즉, 동향(東向) 따위로 방향을 지정할 필요가 있다. 속력과 방향을 더불어 생각했을 때 이것을 속도라고 한다. 속도의 크기가

속력이다.

속도가 일정한 운동을 등속도 운동(等速度運動)이라고 한다. 이것은 속력뿐 아니라 그 방향이 변하지 않는 운동으로서, 직선 위의 균일한 운동이다. 정지도 속도가 제로인 등속도 운동이라고 생각하면 된다.

만약 속도를 그림으로 나타내려면 화살표를 쓰면 된다. 화살의 길이를 속도의 크기, 화살의 방향을 속도의 방향으로 취한다.

일반적으로 크기뿐 아니라 방향도 더불어 갖고 있는 양을 벡터라고 부른다. 벡터는 화살표로 나타낼 수 있다. 그것에 대해 크기만으로 주어지는 양을 스칼라(Scalar)라고 부른다.

이를테면 속도 외에도 힘이나 다음에 설명할 가속도는 벡터이며 질량, 에너지 등은 스칼라이다.

참고로 벡터라는 술어는, 라틴어의 웨헤레(운반하다)라는 말에서 유래했다. 또 스칼라의 어원은 같은 라틴어의 스칼라에(계단, 사다리)라는 말이고, 영어의 스케일(척도)도 같은 어원에서 나온 말이다.

그런데 가속도라는 물리량도 별로 신기한 것은 아니다. 속도가 변화하면 가속도가 있는 것이며, 시동할 때, 정지할 때 익숙한 현상이다. 자동차의 액셀은 속력을 가감하는 장치인데, 이것은 가속기의 영어 액셀러레이터(Accelerator)의 준말이다.

얼마만 한 시간에 속도의 변화가 얼마만큼 있었느냐, 즉 속도의 시간에 대한 변화의 비율이 가속도다. 그러므로 속도의 변화가 클수록 또 같은 속도의 변화라도 단시간에 변화할수록 가속도가 크다. 이를테면 전동차의 급정거는 완만한 정거보다 가속도가 크다. 이 경우의 가속도는 속도와 반대 방향으로 작용하고, 마이너스의 가속도, 즉 감속도로 돼 있다.

게다가 가속도는 속도의 변화이기 때문에 속도의 크기, 즉 속력이 변화할 경우뿐 아니라, 속도의 방향이 변화하는 경우에도 가속도가 있다는 것을 잊어서는 안 된다. 가속도가 속도와 평행일 경우에는, 속도의 크기가 변화할 뿐이지만 가속도의 방향이 속도의 방향과 평행이 아니면, 속도의 방향도 변화한다. 그러므로 운동하고 있는 물체가 그 속도를 바꿀 때뿐 아니라 구부러질 때에도 가속도가 작용하고 있다.

낙하운동의 가속도

그래서 아까 가정했던 낙하운동의 속력이 낙하시간에 비례하는 경우를 생각해 보자. 그때 속력, 즉 속도의 크기가 변화하기 때문에 가속도가 있다. 그러나 속도의 방향은 늘 연직선 위를 아래로 향해 있어서 변화하지 않기 때문에 속도의 변화, 따라서 가속도의 방향도 늘 연직 방향 아래로 향해 있다는 것이 분명하다.

그런데 어떤 낙하시간 내에, 속력이 얼마만큼 변화하느냐 하면, 그것은 최종 속력으로부터 처음 속력을 빼면 된다. 그러나 처음 정지 상태로부터 낙하를 시작한 경우를 고찰하고 있으므로, 최종 속력, 즉 속력의 변화 자체이기도 하다. 그리고 속력이 낙하시간에 비례하여 증대한다면 속력의 변화도 또 낙하시간에 비례해서 증대하게 된다. 즉 낙하시간이 2배가 되면 속력의 변화도 2배가, 시간이 3배가 되면 변화도 3배가 된다. 따라서 속력의 변화를 낙하시간으로 나눈 것, 즉 가속도의 크기는 낙하시간을 어떻게 잡든지 간에 늘 같은 값을 갖고 있다는 것을 안다.

따라서 우리의 가정은 다음과 같이 고쳐 쓸 수 있다. 「낙하운동의 가속도 크기는 늘 일정하며, 임의의 낙하시간 후의 속력을 그 낙하시간으로 나눈 것과 같다.」 즉 물체가 어떤 시간 (t)만큼 낙하했을 때의 속력을 v라고 하면, 낙하운동의 가속도 크기(g)는 다음과 같이 주어진다.

$$g = \frac{v}{t} \text{ : 일정}$$

따라서

$$v = gt \quad \cdots\cdots\cdots\cdots\cdots \quad \langle \text{수식 } 1\text{-}2 \rangle$$

즉 「낙하운동의 속도는 가속도의 크기(일정)에 낙하시간을 곱한 것과 같다」고 된다. 〈수식 1-2〉는 〈수식 1-1〉의 비례상수를 g로 둔 것이다.

또 낙하운동에서는 가속도의 크기, 방향이 모두 일정하므로 우리의 가정은 「낙하운동은 등가속도 운동이다」라고 표현해도 된다.

낙하운동의 법칙

그런데 우리의 가정은 이상의 고찰로서도 분명하듯이 이론적인 모순을 내포하고 있다고 생각되지 않는다. 그래서 실험에 의해 이 가정을 확인하게 되는데, 다만 그때 속력을 측정하는 것은 어렵기 때문에 속력과 시간의 관계를 주고 있는 이 가정으로부터 다시 거리와 시간의 관계를 유도하여 그것을 실험과 비교해 보자.

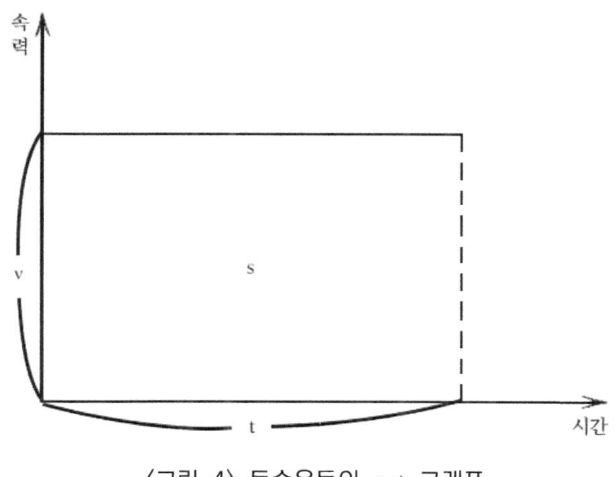

〈그림 4〉 등속운동의 v-t 그래프

지금 가로축에 운동시간, 세로축에 속도를 잡고, 여러 가지 운동의 그래프, 즉 속력 곡선을 그려보자.

우선 등속운동일 경우 그래프는 가로축에 평행한 직선이 된다(그림 4). 잘 알려져 있듯이 등속도 운동에서 운동거리(s)는 속력(v)에 운동시간(t)을 곱한 것과 같다. 즉

$$s = vt \quad \cdots\cdots\cdots\cdots\cdots \quad \langle 수식\ 1\text{-}3 \rangle$$

이다. 그리고 이것은 마침, 직선 밑에 둘러싸인 직사각형의 면적 바로 그것이다.

일반적으로 속력이 시간과 더불어 변하는 경우에 그래프는 하나의 곡선을 그린다. 그래서 운동시간을 많은 짧은 시간대로 쪼개고, 각각의 짧은 시간 내에는 등속도 운동을 한다고 본다면, 속력 곡선은 계단 모양이 되고, 운동거리는 계단 밑의 각 직사각형의 면적의 합과 같아진다. 운동시간의 분할 방법을 무

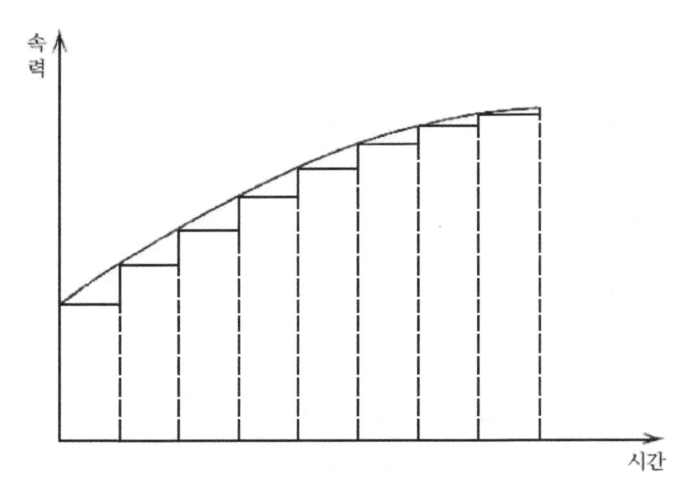

〈그림 5〉 일반적인 운동의 v-t 그래프

한히 세밀하게 하면 그 극한으로서 계단은 본래의 곡선과 일치하고, 운동거리는 곡선 밑에 둘러싸인 면적과 같아질 것이다(그림 5).

특히 우리의 가정, 속력이 운동시간에 비례하고 있을 경우에 그래프는 원점을 통과하는 직선이 된다. 따라서 그 운동거리는 이 직선 밑에 둘러싸인 삼각형의 면적과 같고, 최종 속력과 운동시간을 곱한 것의 절반으로 주어진다(그림 6).

이렇게 하여 「낙하운동의 속도는 낙하시간에 비례한다」고 가정하면 「낙하거리는 속도와 낙하시간을 곱한 것의 절반과 같다」는 것을 안다. 즉 낙하거리를 s, 속력을 v, 낙하시간을 t로 하면,

$$s = \frac{1}{2}vt \quad \cdots\cdots\cdots\cdots\cdots \quad \langle 수식\ 1\text{-}4 \rangle$$

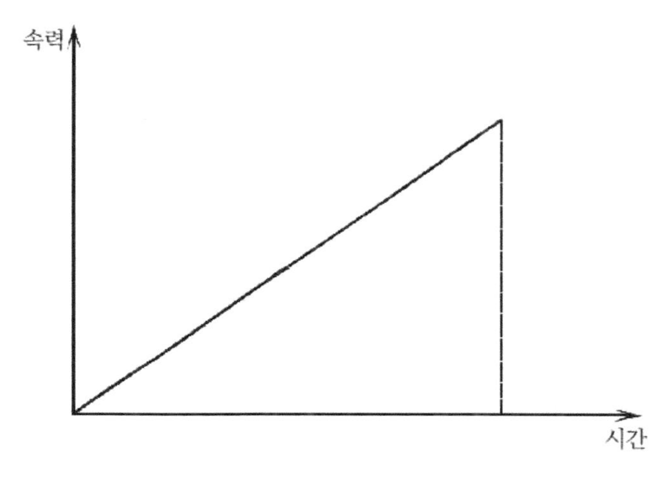

〈그림 6〉 낙하운동의 v-t 그래프

이다. 그런데 속력과 낙하시간의 관계는 이미 〈수식 1-2〉로 주어져 있으므로, 이것을 〈수식 1-4〉에 대입하면, 낙하거리는

$$s = \frac{1}{2}gt^2 \quad \cdots\cdots\cdots\cdots\cdots \quad \langle \text{수식 } 1\text{-}5 \rangle$$

으로 나타낼 수 있다. 여기서 s는 낙하거리, t는 낙하시간, g는 낙하운동의 가속도 크기다.

즉 「낙하거리는 낙하시간의 제곱에 비례한다」가 된다. 낙하시간이 2배가 되면 낙하거리는 4배로, 시간이 3배가 되면 거리는 9배가 되는 셈이다.

이것이 실험과 비교돼야 할 낙하거리와 낙하시간의 관계다.

그리고 실험에 따르면 〈수식 1-5〉가 옳다는 것, 따라서 우리의 가정이 옳다는 것이 확인된다. 이렇게 하여 우리는 갈릴레오의 낙하운동의 법칙에 도달할 수 있었다.

〈그림 7〉 갈릴레오 갈릴레이(1564~1642)

또한 실험에 따르면, 낙하운동의 가속도 크기는,

$$g = 980㎝/s^2 = 9.8m/s^2 \quad \cdots\cdots\cdots\cdots\cdots \quad 〈수식\ 1\text{-}6〉$$

로써 주어진다.

가속도는 속도의 시간과 더불어 변하는 정도이기 때문에, 그 단위는 속도의 단위를 시간의 단위로 나눈 것, 즉 길이의 단위를 시간의 단위의 제곱으로 나눈 것이 된다.

또 하나의 길도 있었다

그런데 낙하운동 속도의 낙하시간에 대한 관계는 〈수식 1-2〉에서 주어지고, 낙하거리의 낙하시간에 대한 관계는 〈수식

1-5〉로 주어졌다. 그래서 〈수식 1-2〉와 〈수식 1-5〉로부터 시간(t)을 소거하면, 낙하운동의 속력(v)의 낙하거리(s)에 대한 관계가 구해진다.

$$v = \sqrt{2gs} \quad \cdots\cdots\cdots\cdots\cdots \quad \text{〈수식 1-7〉}$$

즉, 「낙하운동의 속력은 낙하시간에 비례한다」, 「낙하거리는 낙하시간의 제곱에 비례한다」는 것으로부터 「낙하운동의 속력은 낙하거리의 제곱근에 비례한다」는 것이 이끌어졌다.

우리는 아까 낙하운동의 속력은 낙하거리에 비례한다고 가정하고서 그것이 모순을 내포하기 때문에, 척도를 낙하거리로부터 낙하시간으로 바꾸어 고찰해 왔는데, 이것이 반드시 유일한 방법인 것만은 아니었다는 것을 알았다. 즉 속력이 낙하거리에 비례할 경우는 불가능하더라도 낙하거리의 제곱에 비례할 경우, 제곱근에 비례할 경우 등을 차례로 검토해 나가면, 제곱 쪽은 역시 모순을 내포하고 있어도, 제곱근 쪽은 모순 없이 마찬가지로 올바른 결론에 다다를 수 있을 것이다.

2. 관성

—물체는 그 자체만으로는 늘 같은 상태에 머문다

시간의 흐름을 거꾸로 하면

한순간 눈을 감았을 동안에, 갑자기 시간의 흐름이 역전했다고 하자. 어떻게 바뀐 세계가 나타날까?

시간이 흐르는 방향을 반대로 하는 것을 시간반전(時間反轉)이라고 한다.

이를테면 낙하운동을 촬영해 두고 그 필름을 역전시켜 보자. 거기에 찍혀 나오는 운동은, 낙하운동을 시간반전한 것처럼 돼 있을 것이다. 그러나 이것은 별로 신기한 운동이 아니다. 낙하한 물체를 속도의 크기는 그대로 두고 방향만 반대로 해 다시 또 위로 올라가게 하면 이것과 똑같은 운동을 할 것이다.

또 동에서 서로, 균일한 속력으로 직선운동을 하고 있는 물체는 시간반전에 의해 반대로 서에서 동으로, 균일한 속력으로 같은 직선 위를 운동할 것이다. 그리고 이 운동은 아까의 운동 방향을 반대로 한 것으로서, 시간반전을 하지 않더라도 실현될 수 있는 운동이다.

일반적으로 시간반전된 세계에서 나타나는 운동은 본래의 운동 방향을 반대로 한 운동이어서 모두 본래의 세계에서도 실현 가능한 것이 아닐까?

그래서 우리는 「시간반전을 한 세계에서 나타나는 운동은 모두 본래의 세계에서도 실현할 수 있다」고 가정하자. 즉 시간반전을 한 후의 세계와 하기 전의 세계에서 한쪽에서밖에 일어나지 않는 운동은 없으며, 한쪽에서 일어나는 운동은 모두 다른 쪽에서도 일어날 수 있다고 생각한다. 따라서 운동을 관찰하고 있는 한, 이들 두 세계는 전혀 구별이 되지 않을 것이다.

이런 가설은 「세계는 시간반전에 관해 불변하다」, 또는 시간반전에 관해 대칭(對稱)이다」라고 표현한다.

중력을 약하게 하려면

그런데 우리가 지금까지 다루어 온 것은, 중력의 방향을 따라가는 낙하운동, 즉 연직낙하운동에 한정돼 있었다. 다음에 우리는 미끈한 빗면에서의 낙하운동에 대해 생각해 보기로 하자.

지금 미끈한 빗면을 따라가며 낙하한 물체를 그대로의 속력으로, 반대 방향으로 같은 빗면을 올라가게 하면, 시간반전에 관한 대칭성으로부터 물체는 본래와 같은 높이에까지 다다를 것이 틀림없다. 그리고 이것이 빗면의 경사각과 상관없이 늘 성립되는 것이 분명하다.

그렇게 하면 물체는 그것이 연직으로 낙하하건, 또는 어떤 기울기의 빗면을 낙하하건, 처음 위치와 최종 위치의 높이의 차이, 즉 낙차가 같은 한 같은 속도가 될 것이다.

왜냐하면 만약 어떤 기울기의 빗면(AB)에 연한 낙하운동에서 얻는 속력이 다른 기울기의 빗면(CD) 위의 낙하운동에서 얻는 속력보다 크다고 하면, 빗면(AB)을 낙하한 물체를 그 속력으로 다른 빗면(CD)을 따라 올라가게 하면, 물체는 본래의 위치보다 높은 곳에까지 올라갈 것이 확실하다. 즉 중력의 작용만에 의해 물체를 본래보다 높은 곳으로 들어 올리게 돼버리기 때문이다.

이것은 또 흔들이의 운동에 의해서도 확인할 수 있다. 한쪽 끝 C로부터 운동을 시작한 추는, 호(弧)를 그리면서 반대쪽에서 이전과 같은 높이의 수평면(D)까지 올라간다. 호를 그리는 흔들이의 운동은 연속적으로 기울기가 바뀌는 빗면 위의 낙하운동이라고 볼 수 있다. 추를 다른 호, 즉 다른 빗면을 따라가며

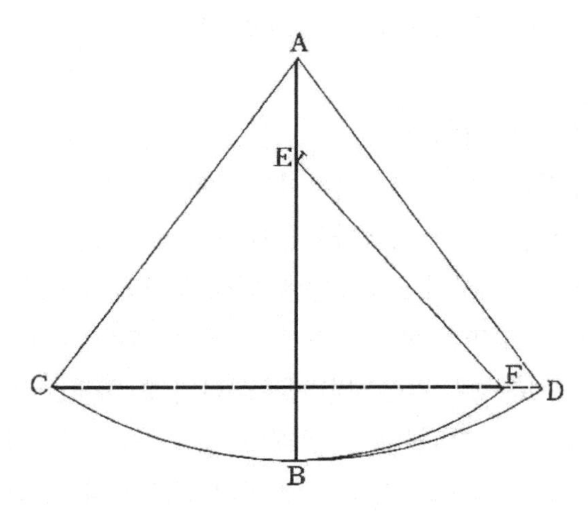

〈그림 8〉 흔들이의 실험

올라가게 하는 것도 수월하다. 〈그림 8〉처럼 실의 연직 위치의 어느 한쪽에 못(E)을 박으면 된다. 그렇게 하면 호 CB를 그리며 떨어진 추는 호 BF를 그리면서 올라간다. 즉 C와 같은 높이의 수평면까지 올라가게 된다.

이렇게 하여 물체가 낙하운동에 의해 얻는 속력은, 낙차만 같다면 연직으로 낙하하건, 어떤 기울기의 빗면을 낙하하건 전적으로 같다는 것을 알았다. 그런데 낙차가 같은 연직낙하운동과 빗면낙하운동은 물체가 실제로 운동하는 거리가 빗면낙하운동 쪽이 길다. 그것도 기울기가 느릿한 빗면일수록 길어진다. 즉 같은 속력을 얻기 위해서는 빗면의 기울기가 느릿할수록 물체는 긴 거리, 긴 시간을 운동해야 한다. 즉 빗면의 기울기가 느릿할수록 낙하운동의 가속도가 작아져서 마치 중력이 약해진 것과 같은 효과를 가져온다.

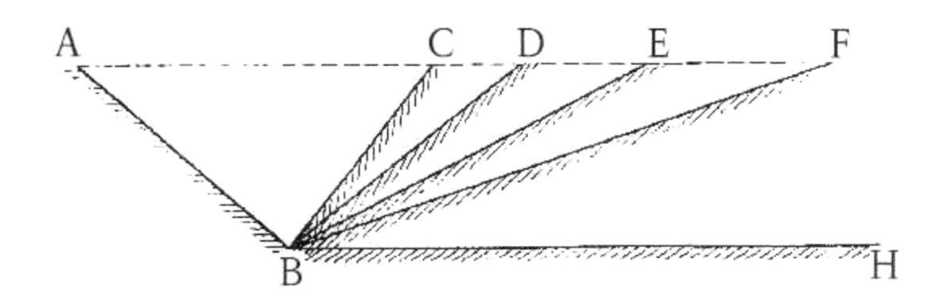

〈그림 9〉 운동의 제1원리의 사고실험

운동의 제1원리

그런데 〈그림 9〉의 빗면(AB)을 낙하하는 물체를 생각하자. 이 물체가 낙하에 의해 얻은 속력으로 다른 빗면 위에 놓였다면 BC, BD 등 어떤 기울기의 빗면이라도 꼭 A와 같은 수평면까지 올라간다. 다만 빗면의 기울기가 BC, BD, BE, BF로 차츰차츰 느릿해짐에 따라 물체가 정지하기까지의 통과 거리나, 경과 시간은 차츰 길어진다. 그리고 그 극한의 경우로서 수평면(BH) 위에서는 물체는, 처음의 B점에서의 속력을 유지하여 무한한 거리, 무한한 시간의 직선운동을 계속하게 될 것이다.

일반적으로 물체의 운동에 대해 다음과 같은 가설을 세워도 되지 않을까?

「물체는 힘의 작용을 받지 않는 한, 정지 또는 직선 위의 균일한 운동을 계속한다.」

바꿔 말하면

「물체는 힘의 작용을 받지 않는 한, 등속도 운동을 한다.」

이것이 운동의 제1원리이다.

즉 물체는 그 운동 상태를 유지하고 속도를 일정하게 유지하는 데에 어떤 원인도 필요하지 않고, 운동 상태를 변화시키고 속도를 바꾸는 데에 그 원인이 필요한 것이다.

그러나 우리 주위에서 일어나는 운동은 그대로 두면 차츰차츰 속도를 잃어서 이윽고는 멈춰 버리며, 일정한 속도를 유지하려면, 이를테면 자전거라면 발로, 자동차라면 가솔린 엔진으로 늘 힘을 작용시키지 않으면 안 된다. 이것은 마찰이나 공기저항 때문이며, 이것들을 작게 하면 그 극한으로서, 마찰도 저항도 없는 이상적인 조건 아래에서는 물체가 언제까지고 등속도 운동을 계속할 것이다.

마찰을 줄이는 데는 차에 기름을 치고, 도로를 미끈하게 다듬으면 되고, 공기를 뿜아내 배와 물 사이에 공기의 층을 만드는 호버크래프트, 전동차의 자기부상(磁氣浮上) 따위의 기술이 개발되고 있다. 아이스 스케이트나 드라이아이스를 수평으로 던졌을 때도 마찰은 지극히 적다. 유선형은 공기저항을 작게 한다. 또 우주 공간에서 저항은 거의 제로라고 보아도 된다.

또 수평 방향의 운동에 중력은 직접적인 효과를 갖지 않지만, 마찰을 통해서 간접적으로는 효과를 미치고 있다는 것에 주의해 두자. 중력이 없으면 마찰 또한 존재할 수 없는 경우가 많다.

그렇다면 마찰이나 저항이 있을 때, 잃어버린 속도는 대체 어떻게 될까? 그저 없어지기만 할까? 형태를 바꾸어 무엇엔가 나타날까? 이런 문제에 대해서는 7, 8, 9장에서 다시 생각하기로 하겠다.

관성과 힘

그런데 이 운동의 제1원리에 따르면, 물체는 모두 어떤 원인 없이는 운동 상태를 바꾸지 않는 성질, 즉 힘의 작용을 받지 않는 한 등속도 운동을 계속하는 성질을 지니고 있다. 이런 성질은 관성(慣性) 또는 타성(惰性)이라고 부른다. 그리고 운동의 제1원리는 관성의 원리라고 부르고 있다.

또 운동의 제1원리는, 힘의 개념을 정의하고 있는 것으로도 여겨진다. 즉 힘이란 운동 상태를 변화하게 하는 원인이다. 즉 가속도의 원인이 되는 것을 힘이라고 부른다.

이를테면 낙하운동의 가속도의 원인은 중력(重力)이라고 부른다.

힘의 개념은 밀거나 당기거나 할 때의 근육의 감각에서 유래한다. 따라서 힘을 작용시키는 것과, 힘에 작용되는 것이 서로 접촉해 있을 것이 전제가 돼 있다. 실제로 기계적인 힘의 작용은 모두 접촉에 의해 전달된다. 떨어져 있는 것 사이에서 직접 작용하는 중력이라는 개념은, 힘의 이미지를 크게 비약시킨 것이었다. 이런 개념의 확장에 기여한 것은, 자석이 철을 끌어당기는 힘이었던 것으로 생각된다.

운동의 제1원리가 뜻하는 것

운동의 제1원리는 또 다음과 같이, 보다 보편적인 원리에서 이끌어낼 수 있다.

일반적으로 물체는 그 자체만으로는 늘 같은 상태에 머물러 있고, 어떤 외적인 원인이 없으면 결코 변화하는 일이 없다.

만약 물체가 삼각형이라면, 그 형태를 바꾸는 어떤 원인이 외부로부터 오지 않는 한 언제까지고 삼각형인 그대로 있을 것이다. 빨간 빛깔의 물체는 태양의 광선이나 공기 속의 산소 등에 의한 어떤 외부로부터의 작용이 없는 한, 언제까지고 늘 빨간 빛깔을 유지한다.

또 만약 물체가 정지해 있다면, 외부로부터 어떤 원인에 의해 움직여지지 않는 한 결코 저절로 움직이는 일이 없다.

그리고 만약 물체가 운동을 하고 있다면, 달리 아무 원인이 없는데도 자발적으로 운동을 변화하거나 정지할 거라 생각할 까닭도 전혀 없는 것이다.

운동의 제1원리와 시간, 공간

여기서 운동의 제1원리는 공간의 균질성을 전제로 하고 있다는 것을 지적해 두겠다. 만약 공간이 균질이 아니라면, 설령 힘이 작용하지 않더라도 물체가 등속도 운동을 계속한다는 것은 보증될 수 없을 것이다.

또 시간의 개념이 운동에 의해 파악되고 있는 것도 지적해 두어야 하겠다. 모든 물체가 정지해 있었다면 시간의 이미지가 생겨나지는 않았을 것이다.

그리고 운동의 제1원리가 말하는 균일한 운동은 공간의 균질성과 더불어 시간의 균일성을 전제로 하고, 또 그 균일한 시간의 흐름을 구체화하는 것으로도 돼 있다.

포물체의 운동

다음에는 던져진 물체, 즉 포물체의 운동에 대해 살펴보자.

특히 간단한 경우로서 물체가 수평 방향으로 던져졌을 경우에 대해 생각하자. 이때 만약 연직 방향으로 낙하할 수 없게 돼 있으면, 이를테면 책상 위로부터 내던져졌다고 하면 수평 방향의 등속도 운동이 될 것이고, 만약 수평 방향으로 내던지는 속도가 제로라는 특별한 경우라면 연직낙하운동이 될 것이다. 이들 두 운동이 동시에 일어나려 할 때, 둘은 서로 영향을 미치지는 않을까? 이를테면 수평 방향으로도 움직이고 있기 때문에, 연직낙하운동 때와 비교하여 낙하속도가 약간 느려져 같은 낙차라도 지면에 닿기까지 얼마쯤 긴 시간이 걸리는 일은 없을까? 또 낙하속도 때문에 수평 방향의 속도가 증대하거나 감소하는 일은 없을까?

과연 두 운동 사이에는 어떠한 종속관계가 있을지도 모른다. 그러나 우선 두 운동은 서로 독립적이어서, 그것이 동시에 일어나려고 할 때에는 각각의 운동을 그대로 합친 운동이 나타난다고 가정해 보는 것이 당연하다.

실제 포물체의 운동에 대해서 관측하면, 같은 낙차로 낙하하는 데에 소요하는 시간은 정지 상태로부터 출발하면 연직낙하운동 때와 같고, 도달거리도 처음의 수평 방향의 속도에다 낙하에 소요된 시간을 곱한 것과 같다.

즉 포물체의 운동은 연직 방향의 등가속도 운동과 수평 방향의 등가속도 운동을 각각 독립적으로 종합한 것이다.

그래서 포물체의 궤도를 구해 보자. 일정 시간마다 운동체의 위치를 표시해 나가면, 수평 방향으로는 등속도 운동이고, 운동거리는 운동시간에 비례하기 때문에 가로축에는 좌표가 등간격으로 배열되지만, 연직 방향은 등가속도 운동으로 운동거리는 운동시간의 제곱에 비례하기 때문에 세로축에는 좌표가 원점으로부터 1:4:9……라는 식으로 배열된다. 이 점들을 연결하면

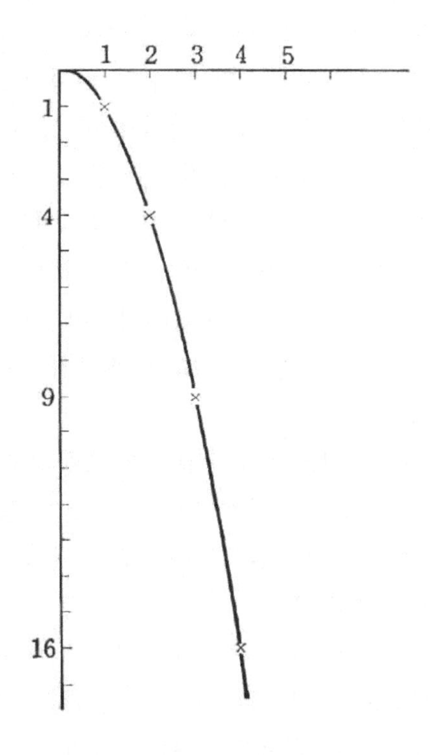

〈그림 10〉 포물체의 운동

이른바 포물선을 그린다(그림 10).

또 지상으로부터 비스듬히 던져올렸을 경우에는, 시간반전에 관한 대칭성으로부터 아까와는 반대로 포물선을 따라가며 상승하고, 최고 위치에서 속도는 수평 방향을 향한다. 그 후는 세로축에 관해 대칭으로 그려진 포물선을 따라서 낙하한다는 것이 아까의 설명으로부터 명백할 것이다. 특별한 경우로 바로 밑으로 내던지거나, 바로 위로 던져올리거나 했을 때 그 운동은 등가속도 운동과 등속도 운동을 같은 수직 방향에서 합한 것이 되고, 운동거리는 운동시간의 제곱에 비례하는 항(項)과, 운동시간에 비례하는 항과의 합 또는 차이로 주어지게 된다.

포물체의 운동뿐만 아니라 일반적으로 둘 이상의 운동이 동시에 일어나려고 할 때, 그것들의 운동은 서로 영향을 미치지 않고 각각 독립적인 운동을 합한 운동이 된다.

이런 운동의 독립성은 운동의 원인으로서의 힘의 독립성을 시사하고 있다.

평행사변형의 방법

그렇다면 합쳐진 운동의 속도는 어떻게 주어질까?

지금 강을 헤엄쳐 건너려 할 때, 실제 속도는 헤엄치는 속도와 강물이 흐르는 속도를 상접하는 두 변으로 삼아 만들어진 직각사각형의 대각선으로 주어진다.

일반적으로 속도를 합치는 데는 이들 속도를 상접하는 두 변으로 삼아 평행사변형을 만들면, 그 대각선의 크기, 방향이 합성된 속도의 크기와 방향을 주게 된다.

포물체의 운동에 대해서도 그 속도는 수평 방향과 연직 방향의 속도를 평행사변형의 방법으로 합친 것이며, 이것은 어느 점에 있어서도 포물선에 접선을 이룬다는 것을 알 수 있다.

또 속도뿐 아니라 모든 벡터는 이런 평행사변형 방법에 따라서 합쳐진다.

태양중심설과 운동의 제1원리

그런데 운동의 제1원리의 발견도, 지구중심설과 태양중심설에 대한 고찰과 깊은 관계를 지니는 듯이 생각된다.

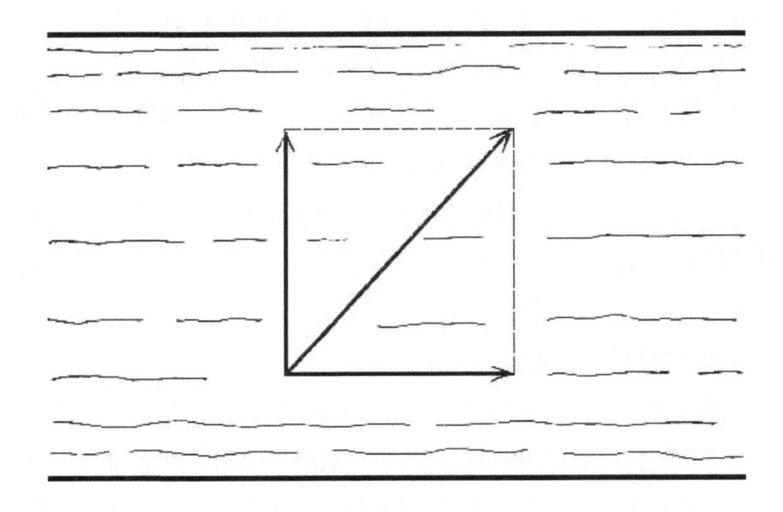

〈그림 11〉 강물을 헤엄쳐 건넌다

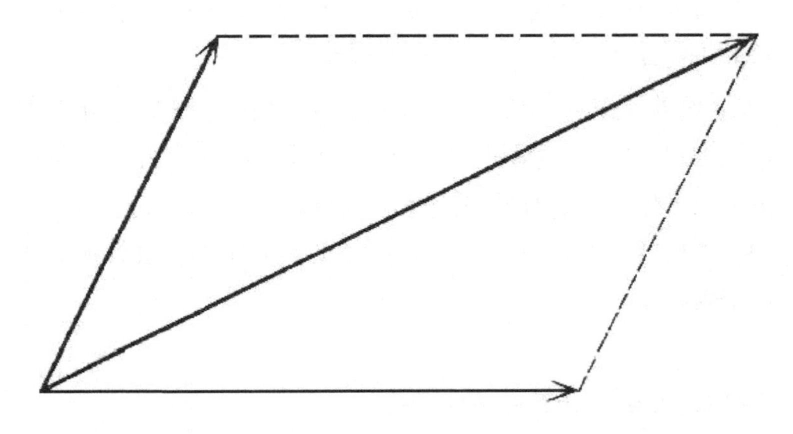

〈그림 12〉 평행사변형의 방법에 의한 스펙터의 가법

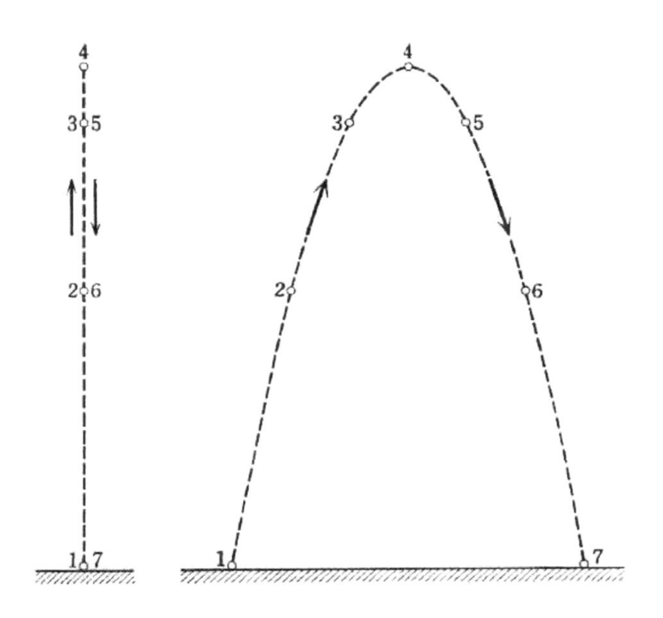

〈그림 13〉 지구의 운동과 포물체의 운동

하루의 변화를 지구의 자전으로 설명하려 할 때, 지구의 운동과 우리 일상의 여러 가지 체험이 서로 받아들일 수 없는 것이 아니라는 것을 제시해야 한다. 이를테면 만약 지구가 자전을 하고 있다면 '껑충 뛰어오른 인간은, 본래의 장소에는 떨어지지 않을 것 아니냐'는 반론이 있을지 모른다. 그러나 이것은 인간도 지구도 다 함께 움직이고 있으므로, 뛰어올랐을 때 수평 방향도 속도를 가졌고, 이 수평 방향의 속도는 공중에 있을 때도 바뀌지 않기 때문에 인간은 지면과 같은 속도로 수평 방향으로 움직여 본래의 장소로 떨어지는 것이다. 즉 이 운동은 지표에 있는 사람이 보면 연직 방향의 상하운동이지만, 태양에서 보면 포물선을 그리는 운동이다.

이 논의가 옳다는 것은 등속도로 달리고 있는 배 위나 전동차 안에서 껑충 뛰었을 때 반드시 본래의 자리로 떨어지는 것으로도 확인될 것이다. 그리고 이 운동은 배 위나 차 안의 사람에게는 연직 방향의 상하운동으로 보이고, 바깥 사람에게는 포물선을 그리듯이 보인다.

또 지표에서 정지해 있는 물체도 광범한 운동을 생각하지 않는다면, 태양에서 보면 거의 등속도 운동을 하는 것이 될 것이다. 정지해 있는 물체가 언제까지고 그 상태를 유지한다는 것은, 옛날부터 누구나 다 인정하고 있었다. 그리고 이것은 태양에서 보면 운동하고 있는 물체는 언제까지고 그 상태를 유지한다는 것이 된다.

이런 문제는 보다 일반적으로 상대운동을 설명하는 장에서 다시 논의하기로 하겠다.

3. 운동의 원리

—세 가지 운동 원리는 모순 없는 폐쇄된 체계를 만들고 있다

물질의 양은 무엇으로써 측정될까

물질의 양은 무게에 의해 측정되는 것이 아니고, 관성의 크기에 의해 측정된다. 뉴턴이 당시의 다른 물리학자들보다 훨씬 탁월한 존재였던 것은, 이런 질량 개념의 명확한 파악에 의한 것이다. 뉴턴역학의 체계는 그의 주저 『프린키피아』에 쓰여 있는데, 그 1권 첫머리에 있는 것도 물질의 양의 정의였다(그림 14).

그리고 물질의 양, 즉 질량이라는 개념은 만유인력의 발견과 더불어 태어난 것으로 생각된다.

물체는 어떤 물질로 이루어졌으며, 또 어떤 크기와 형태를 가지고 있다. 물체의 크기나 물체를 만들고 있는 물질의 종류에는 여러 가지 것이 있으므로 물질에 포함돼 있는 물질의 양은 대체 어떻게 하여 비교하면 될까?

무게는 다음과 같은 고찰로부터, 물질의 양을 측정하는 척도로 알맞을 것이라 생각한다.

물질의 양은 덧셈이 아니면 안 된다. 즉 두 물체를 합쳤을 때 물질의 양은, 각각의 물체에 포함되는 물질의 양을 합친 값이 돼야 한다. 특히 같은 종류의 물질로 이루어진 물체에 대한 물질의 양은 물체의 부피에 비례하고 있을 것이다. 실제로 무게는 덧셈적이다. 두 물체를 합한 무게는 각각의 물체의 무게를 합친 값과 같다. 같은 종류의 물질로 형성된 물체에 대한 무게는 물체의 부피에 비례하고 있다.

또 물질은 전체로서는 불생불멸(不生不滅)이며, 그 양은 보존돼 있을 것이 틀림없다. 물체의 부피는 온도나 압력에 따라 변화하지만, 무게는 변화하지 않는다. 화학반응이 일어나더라도

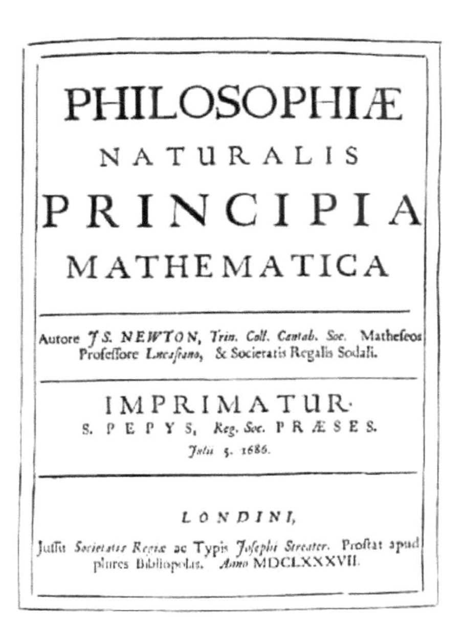
PHILOSOPHIÆ
NATURALIS
PRINCIPIA
MATHEMATICA

Autore JS. NEWTON, Trin. Coll. Cantab. Soc. Matheseos Professore Lucasiano, & Societatis Regalis Sodali.

IMPRIMATUR.
S. PEPYS, Reg. Soc. PRÆSES.
Julii 5. 1686.

LONDINI,
Jussu Societatis Regiæ ac Typis Josephi Streater. Prostat apud plures Bibliopolas. Anno MDCLXXXVII.

〈그림 14〉『프린키피아』

그것에 관여한 여러 물질의 무게 합계는 보존된다.

이와 같이 무게는 크기(부피), 형태 등에 비교해서 물질의 양을 측정하는 데에 보다 적당한 척도라고 생각된다.

그렇지만 무게는 그것을 재는 장소에 따라 값이 달라지고, 어디서 재더라도 같은 값을 가리키는 것은 아니다. 이를테면 어떤 물체라도 이것을 달에 가져가서 측정하면, 모두 지구에서의 무게의 약 1/6이 돼버린다. 또 같은 지구에서라도 극과 적도에서는 같은 물체가 약간 다른 무게를 가리킨다. 말할 것도 없이 물체에 포함되는 물질의 양이 장소에 따라 달라진다는 일은 생각할 수 없다. 따라서 무게 자체를 물질의 양을 측정하는 척도로 하는 데는 망설이지 않을 수 없을 것이다.

결국 물질의 양과 무게의 관계는 장소에 따라 달라지지만, 각각의 장소에서는 그것이 어디에 있든 무게는 늘 물질의 양에 비례해 있다고 생각된다.

관성의 크기를 나타내는 양

한편 무게는 관성의 크기를 나타내는 양과도 비례하고 있다고 생각된다.

운동의 제1원리에 따르면, 물체는 힘의 작용을 받지 않는 한 등속도 운동, 즉 직선 위의 균일한 운동을 계속한다. 따라서 물체가 그 속도를 바꾸는 것, 즉 속력을 바꾸거나 운동 방향을 바꾸는 것은 힘의 작용을 받았을 때다. 즉 가속도의 원인은 힘이다.

그러면 힘과 그것에 의하여 생기는 가속도 사이에는 어떤 관계가 있을까?

우선 예상되는 것은 '작용하는 힘이 크면 클수록 가속도의 크기도 크지 않을까?', '이때 생기는 가속도의 방향은 힘의 방향과 같지 않을까?' 하는 것이다.

게다가 같은 힘이 작용하더라도, 물체에 따라 생기는 가속도의 크기에 차이가 있는 것처럼 보인다. 이를테면 구가 수평면 위를 굴러가고 있을 때, 이것을 막대기로 똑같이 찔러도 무거운 구는 운동 상태에 그다지 변화를 받지 않는데, 가벼운 구는 쉽사리 속도가 변하거나 진로가 휘어지거나 한다. 또 이를테면 미끈한 수평면 위에 정지해 있는 물체를 움직여서 어떤 속력으로 만들려고 할 때, 무거운 물체일수록 큰 힘이 필요할 것이다. 그러므로 무거운 물체일수록 운동 상태를 바꾸기 힘들다. 즉

〈그림 15〉 아이작 뉴턴(1642~1727)

같은 힘이 작용하더라도 무거운 물체일수록 작은 가속도밖에 생기지 않는다고 생각해도 된다.

즉 무게는 운동 상태를 바꾸기 어려운 정도를 가리키는 척도, 바꿔 말하면 관성의 크기를 나타내는 척도라고 생각된다. 물체가 그 운동 상태를 유지하려는 성질을 관성(慣性)이라고 부른다는 것은 이미 말했다.

그러나 물체가 가지는 관성의 크기는 무게와는 달라서 장소에 따라 달라지는 것은 아닐 것이다. 이를테면 우주 공간에서 물체의 무게는 지극히 작은 값이 되지만, 그 운동 상태가 쉽게 바뀌지는 것은 아니다. 우주 공간에서 공을 받더라도, 반응은 지표(地表)에서 공을 받을 때와 같을 것이다. 우주진(우주 공간에 흩어져 있는 미립자 모양의 물질)만 해도 만약 관성의 크기가 지극히 작아지고, 극히 작은 힘으로 운동 상태가 바뀔 수 있다면 로켓에 충돌하더라도 큰 피해를 줄 만한 일이 없이 간단히 표면에서 튕겨질 것이다.

결국 무게 자체를 관성의 크기를 재는 척도로 사용할 수는 없지만, 저마다의 장소에서 무게는 관성의 크기에 비례하고 있다고 생각된다.

이상을 정리해 보자. 무게는 물질의 양에도, 관성의 크기에도 비례하고 있다. 무게는 장소에 따라 바뀌지만, 물질의 양이나 관성의 크기는 장소에 따라서 바뀐다고 생각되지 않는다.

따라서 우리는 다음과 같은 결론을 얻는다. 물질의 양은, 관성의 크기에 의하여 측정된다. 역학적인 관점에서면, 물체의 본질은 관성에 의해 제시된다.

지금 물질의 양을 질량이라고 부른다면, 질량이란 관성의 크기를 나타내는 양이다.

운동의 제2원리

위의 고찰로부터 우리는 힘과 그것에 의하여 생기는 가속도 사이에 다음과 같은 가설을 세워도 되지 않을까?

「물체에 힘이 작용하면 가속도가 발생하고, 그 방향은 힘의 방향과 같으며, 그 크기는 힘의 크기에 비례하고 물체의 질량에 반비례한다.」

실제로 나중에 다시 말하겠지만, 힘과 운동에 관한 제법칙은 모두 이 가설로부터 유도할 수 있다. 이 가설은 운동의 제2원리라고 부른다.

이 원리는 물체의 질량을 m, 작용하는 힘의 크기를 f, 발생

하는 가속도의 크기를 a로 하고, 그것들에 적당한 단위를 사용하면,

$$a = \frac{f}{m}$$

또는

$$ma = f \quad \cdots\cdots\cdots\cdots\cdots \quad \langle \text{수식 } 3\text{-}1 \rangle$$

로 나타낼 수 있다.

보통 가속도에는 ㎝/(초)^2, 질량에는 g, 힘에는 다인(dyne)이라는 단위, 또는 각각 m/(초)^2, ㎏, 뉴턴이라는 단위를 쓴다. 다인은 그리스어의 힘, 디나미스(dynamis)에서 유래한다. dyne이 g•㎝/(초)^{2}이고, 뉴턴은 ㎏•m/(초)^{2}라는 것은 말할 나위도 없다.

일반적으로 물체가 외부의 작용에 의하여 그 상태를 바꿀 경우, 그 변화의 크고 작음은 외부 작용의 대소에 의한다. 또 물체 자체의 변화를 받기 쉬운지, 어려운지는 성질에도 의존한다. 이를테면 물체의 형태를 바꾸려고 할 때, 같은 힘으로 밀더라도 만약 그것이 쇠로 돼 있으면 거의 형태가 바뀌지 않을 것이고, 그것이 찰흙으로 돼 있으면 쉽게 형태가 바뀔 것이다. 같은 빨간 물감을 들이더라도 물체가 무엇으로 돼 있느냐에 따라 물이 드는 방식이 달라진다. 그리고 물체가 그 운동 상태를 바꿀 때에도, 외적인 원인인 어떤 힘 외에 내적인 질량에 따라 변화의 크기가 결정된다.

무게와 질량

그런데 이 운동의 제2원리에 바탕해서 힘과 운동에 관한 제 법칙을 유도하는 것이 앞으로의 문제인데 그것은 뒤로 미루고, 여기서는 낙하운동과 무게에 대해서만 간단히 말하겠다.

이미 1장에서 살펴보았듯이 낙하운동은 등가속도 운동이다. 이 가속도는 늘 연직으로 하향하기 때문에 중력 또한 늘 연직 하향으로 작용하고 있는 것이 된다. 게다가 가속도의 크기도 일정하므로, 중력의 크기는 물체의 질량에 비례하지 않으면 안 된다.

이것을 식으로 나타내면

$$mg = W \quad \cdots\cdots\cdots\cdots\cdots \quad \langle 수식\ 3\text{-}2 \rangle$$

가 된다. 여기서 m은 물체의 질량, g는 그 가속도의 크기, W는 그것에 작용하는 중력의 크기다.

한편 이미 우리는 무게가 질량에 비례한다는 것을 알고 있다. 오히려 질량을 무게에 비례하는 것이라고 생각했었다. 따라서 무게란 물체에 작용하는 중력의 크기가 아니냐고 생각할 것이다. 실제로 장소와 더불어 무게가 바뀌면, 낙하운동의 가속도 크기도 그것에 비례해서 바뀐다. 이를테면 같은 물체의 무게가 달에서는 지구의 약 1/6로 감소되지만, 낙하운동의 가속도 크기도 달에서는 역시 지구의 약 1/6로 줄어든다. 이렇게 해서 무게는 물체에 작용하는 중력의 크기 바로 그것이라는 것을 알았다.

또 보통 우리는 무게를 재는 데에 용수철저울을 사용한다. 이것은 이른바 후크의 법칙 「탄성체의 변형은 가해진 힘의 크기에 비례한다」를 이용한 장치다. 즉 우리는 중력의 크기를 재고 있는 것이다.

그런데 물체와 그것에 작용하는 힘은 당초 서로 독립된 존재라고 생각해야 할 것이다. 어떤 물체에는 얼마만 한 크기의 힘밖에 작용하지 않는다는 일은 없으며, 어떤 질량의 물체라도 여러 가지 크기의 힘으로 당기거나 밀거나 할 수 있다. 이것은 우리가 일상 경험하고 있는 바다. 그러나 이전에 말했듯이 물체에 작용하는 중력의 크기는 그 물체의 질량에 비례하고 있다. 물체의 질량에 대응해서 그것에 작용하는 중력의 크기가 결정돼 버리는 것이다. 중력은 다른 갖가지 힘과 비교해서 극히 특이한 성질을 가졌다고 해야 한다. 이와 같은 성질이 중력의 본질에 대하여 무엇을 시사하느냐는 논의는 6장과 『물리학의 재발견(하)』에서 다루기로 한다.

힘의 독립성

그런데 2장에서 우리는 포물체의 운동을 다루고, 운동의 독립성을 가정했다. 즉 운동은 서로 독립적이어서 둘 이상의 운동이 동시에 일어나려고 할 때 그것은 각각의 운동을 그대로 중합(重合)한 운동이 된다고 가정했었다.

이와 같은 운동의 독립성은 운동의 원인으로서 힘의 독립성을 시사하는 것이라고 생각해도 된다.

즉 「힘은 서로 독립적이고, 한 물체에 둘 이상의 힘이 동시에 작용하더라도 그것들의 힘이 서로 영향을 미쳐 각각의 크기나 방향이 바뀌는 일은 일어나지 않는다.」

따라서 힘은 제곱사변형의 방법에 의해 합쳐지며, 그때 서로

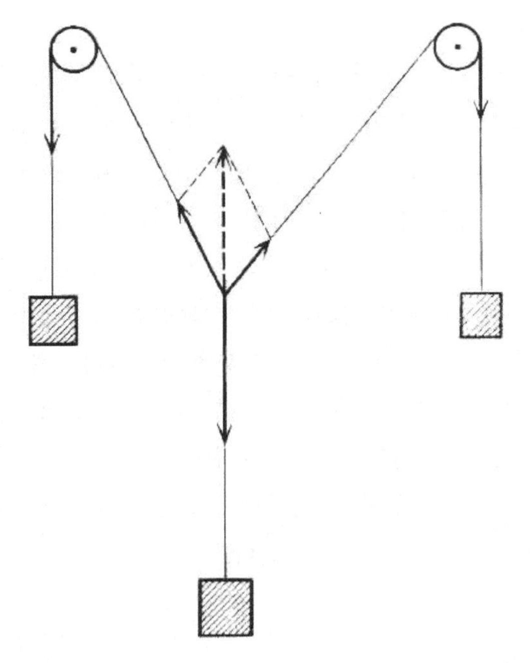

〈그림 16〉 힘의 평행사변형

이웃하는 두 변에는 두 힘을 그대로 두면 되고, 그것들의 크기나 방향을 하등 바꾸어야 할 필요가 없다.

이런 힘의 평행사변형은 힘이 균형돼 있는 경우에는 〈그림 16〉처럼 쉽게 확인할 수 있다.

운동의 제3원리

그런데 운동의 제1원리에서는 그 대상이 되는 것이 물체만 존재할 경우이고, 물체에 작용하는 힘은 존재하지 않는다. 운동의 제2원리에서는 물체와 그것에 작용하는 힘이 존재할 경우가

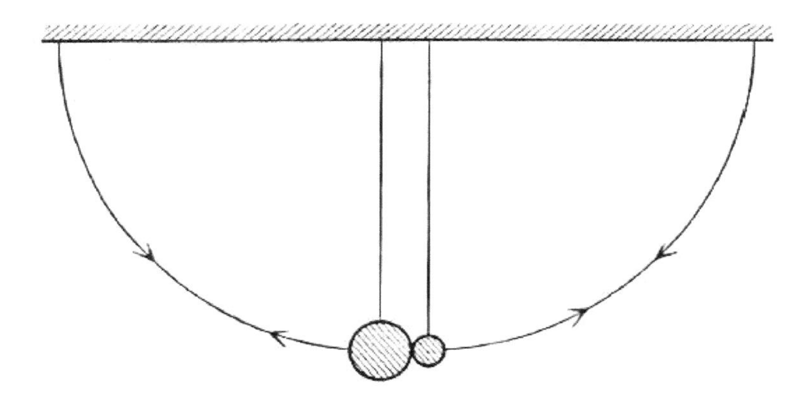

〈그림 17〉 충돌의 실험

그 대상이 되고, 힘의 근원이 되는 물체는 고려하지 않고 있다. 이를테면 물체와 그것에 작용하는 중력을 다루더라도, 중력의 근원인 지구는 고려 밖에 두고 있다. 따라서 3단계로서 두 물체와 그것들 사이에 작용하는 힘에 대한 고찰이 있어야 할 것이다.

지금 이를테면 두 사람이 정해진 위치에 마주 서서 서로 상대를 손으로 떠밀어내는 놀이를 한다고 생각해 보자. 상대를 세게 밀면 밀수록 자기도 상대에게 세게 밀쳐진다. 또 배를 타고 다른 배를 밧줄로 끌어당기면, 자기 배도 상대방 배 쪽으로 끌어당겨진다.

더 엄밀하게 실험을 하려면 두 개의 흔들이를 〈그림 17〉처럼 수평 방향으로 정면충돌하게 하고, 추의 질량을 여러 가지로 바꾸어가며 각각의 경우에 있어서의 추의 가속도, 즉 속도의 변화를 측정하면 된다. 속도의 변화는 1장에서 살펴보았듯이 추가 상승하는 높이로부터 잴 수 있다. 그때 충돌한 두 추의 (질량)×(가속도)는 서로 거의 같다는 것이 인정된다. 따라서 두 추는 서로가 같은 크기의 힘을 미친 것이 된다. 추에 생기는 가속도 방향, 따라서 힘의 방향이 수평 방향, 즉 두 추를 맺는 방향이라는 것은 말할 나위도 없다. 그렇지 않으면 추는 충돌 후 같은 원호 위를 운동하게 되지 않을 것이다. 또 두 추의 가속도의 방향은 서로 반대이며, 따라서 그것들 사이의 힘도 반대 방향으로 작용했다는 것을 알 수 있다.

그래서 우리는 다음과 같은 가설을 세워보자.

「두 물체 간에 작용하는 힘은 반작용하는 힘을 수반하고, 늘 상호작용이 된다. 이 힘은 크기가 같고, 두 물체를 맺는 직선을 따라서 서로 반대 방향으로 작용한다.」

상호작용을 하고 있는 물체에 대한 제법칙은, 모두 이 가설에 토대를 두고 유도할 수 있다. 그래서 이 가설은 운동의 제3원리 또는 작용반작용(作用反作用)의 원리라고 부른다.

왜 운동의 제3원리가 성립돼야 할까

일반적으로 자신은 아무 변화도 받지 않고 상대만을 변화하게 하는 것은 불가능한 일이 아닐까? 다른 것에 작용하여 그것에 어떤 변화를 일으키게 하면 작용을 한 쪽에도 늘 어떤 변화가 일어난다. 한편에서 늘어나면 한편에서는 줄어든다. 충돌한 두 물체의 어느 하나만 형태를 바꾸는 일은 없으며, 한편이 변형을 하면 다른 편도 변형한다. 서로 반대 방향에서 같은 값의 변화가 양쪽에 일어나는 것이다.

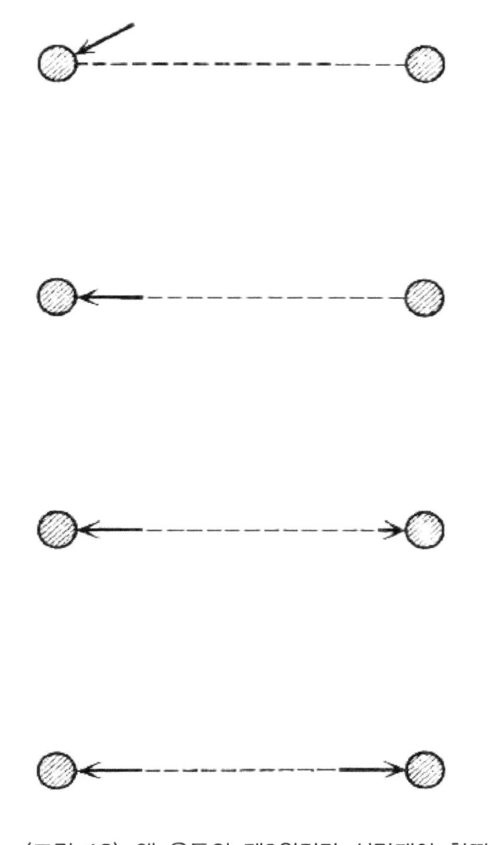

〈그림 18〉 왜 운동의 제3원리가 성립돼야 할까

물체가 둘만 존재할 때 이 계(系)를 특징짓는 특별한 방향으로서는 두 물체를 연결하는 방향밖에 생각할 수 없다. 따라서 두 물체 간의 힘은 두 물체를 맺는 직선을 따라서 작용한다고 생각하는 것이 자연스럽다. 만약 힘이 다른 길을 따라서 작용한다면, 그 방향을 다른 방향으로부터 구별하기 위해 이 계를 형성하고 있는 물체 또는 공간에 어떠한 부가적인 방향성이 숨겨져 있어야 한다.

또 두 물체 간의 힘이 한쪽에서 다른 쪽을 향해서만 작용한다고 하자. 이 방향을 결정하는 것은 이들 두 물체 이외는 있을 수 없다. 그러면 이들 두 물체는 상대에 따라, 상황에 따라 어떻게 하여 힘의 방향을 결정할까? 어떻게 하여 힘을 작용하는 쪽이 되거나, 힘을 받는 쪽이 되거나 할 수 있을까? 설령 이것이 가능하다고 하더라도 꽤나 복잡한, 인공적인 성질을 모든 물체에 가져와야 할 것이다.

또 작용하는 힘이 반작용하는 힘을 수반하더라도, 만약 그들의 크기가 다르다면 어느 쪽으로 향하는 힘을 크게 할까를 결정해야 하고 아까의 논의와 같은 곤란에 봉착한다.

결국 두 물체 간에 작용하는 힘은 어느 쪽을 작용, 어느 쪽을 반작용이라고 구별할 수가 없고, 운동의 제3원리에서 설명한 성질을 가지지 않을 수 없는 것이 아닐까?

사과와 지구는 서로 떨어지고 있다

그런데 운동의 제3원리는 두 물체가 정지해 있거나 운동하고 있을 때에도 성립된다는 것을 유의해 두어야 한다.

책상 위에 얹힌 책은 무게, 즉 그것에 작용하는 중력의 크기만큼의 작용을 책상에 미치며, 반대로 책상은 같은 크기의 반작용을 책에 미치고 있다.

낙하운동에 대해서도 지구가 사과를 끌어당기는 것과 똑같은 크기의 힘으로 사과는 지구를 끌어당기고 있어, 엄밀하게 말하면 사과와 지구는 서로 낙하하고 있다는 것이 된다. 그러나 서로 끌어당기는 힘은 같더라도 양자의 질량은 매우 다르기 때문

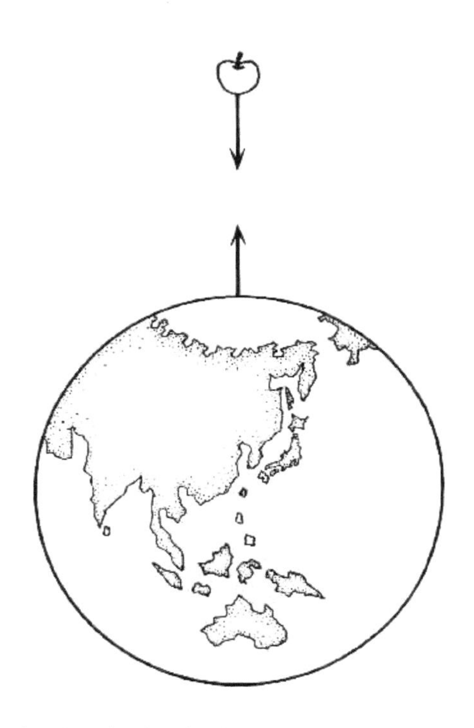

〈그림 19〉 사과와 지구는 서로 떨어지고 있다

에, 운동의 제2원리에 의하여 가속도는 질량에 반비례하고, 지구의 가속도는 사과의 가속도에 비해서 지극히 작아 지구의 운동은 무시해도 상관이 없다(그림 19).

그런데 일상 우리 주위에는 작용하는 쪽과 작용을 받는 쪽이 얼핏 보기에 구별되는 것처럼 보이는 현상이 일어나고 있다. 마차를 끄는 말이 좋은 예다.

우선 도로가 미끈하면 말은 수레를 끌 수 없다는 점을 유의하자. 즉 마차의 운동을 설명하려면 말과 수레의 상호작용뿐 아니라 말과 도로의 상호작용도 고려해야 한다. 운동이 시작되

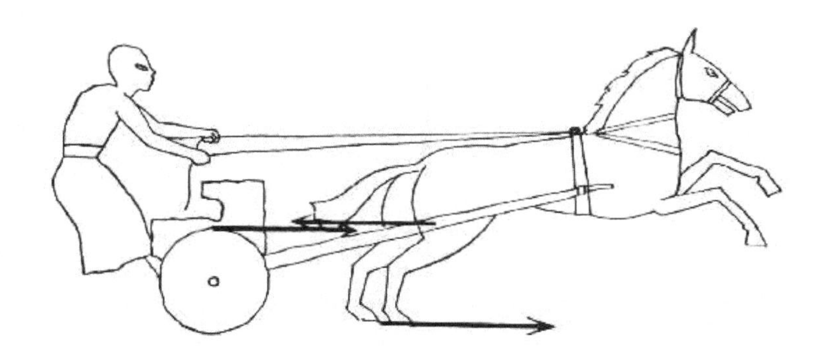

〈그림 20〉 말은 왜 수레를 끌 수 있는가

는 것은 앞을 향해 말에게 작용하는 힘이 뒤 방향으로 말에게 작용하는 힘보다 커졌을 때, 즉 말과 도로의 상호작용의 힘이 말과 수레의 상호작용의 힘보다 커졌을 때다. 말이 수레를 끌어당기는 힘과 수레가 말을 끌어당기는 힘은 늘 크기가 서로 같으며, 이것은 마차가 운동을 하고 있을 때이건 아직 움직이기 전이건 마찬가지다(그림 20).

또 운동의 제3원리와 균형돼 있는 두 힘을 혼동해서는 안 된다. 잘 알려져 있듯이 크기, 방향이 서로 같고 방향이 반대인 두 힘이 한 물체에 작용하고 있을 때, 이들 힘을 합성한 것은 제로가 되어 물체에는 아무 작용도 미치지 않는다. 이것은 두 힘이 한 물체에 작용하고 있는 것이며, 작용하는 힘과 반작용하는 힘이 각각 다른 물체에 작용하고 있는 것과는 전혀 다른 내용이다(그림 21).

〈그림 21〉 운동의 제3원리와 힘의 균형은 다르다

운동 원리에 모순은 없는가

그런데 여기서 다시 한 번, 운동의 제2원리에 대해 생각해 보자. 이 원리에 나오는 물리량은 가속도와 힘과 질량이다. 이들 중에서 가속도는 자와 시계로 잴 수 있다. 그런데 힘과 질량은 어떻게 측정하느냐가 아직 정의되지 않았다. 힘은 운동 상태를 변화하게 하는 원인이고 질량은 관성의 크기를 나타내는 양이라는, 각각 성질에 대한 정의는 주어져 있지만, 양적으로 어떻게 측정하느냐까지는 정의가 내려지지 않았다. 즉 정성적(定性的)으로는 정의되고 있어도, 정량적(定量的)으로는 정의되지 않았던 것이다. 이와 같이 운동의 제2원리에는 정의되지 않은 양이 둘이나 들어 있는 것이 된다.

만약 정의되지 않은 양이 단 하나뿐이라면, 이 원리는 그 양을 정의하는 것으로도 생각할 수 있다. 즉 질량이 정의되어 있다면, 힘은 질량과 가속도를 곱한 것이라고 정의한 것이 되며, 힘이 정의됐다면 질량은 힘을 가속도로 나눈 것이라고 정의하는 것이 된다. 그러나 제2원리에는 정의되지 않은 양이 둘이나 있기 때문에, 이것만으로는 전혀 아무 뜻도 없는 것이 돼 버린다. 이런 사정은 대체 어떻게 해석하면 될까?

여기서 제2원리와 제3원리를 조합하여 생각해 보자. 두 물체를 상호작용시키면, 각각에 크기가 서로 같은 힘이 작용한다. 따라서 두 물체의 각각의 질량과 가속도의 크기를 곱한 값은 서로 같고, 질량의 비는 가속도 크기의 역비로서 주어지게 된다.

식을 사용하면, 두 물체의 질량과 가속도의 크기를 각각 m_1, m_2, a_1, a_2, 상호작용의 힘의 크기를 f로 해서

$$m_1a_1 = f, \qquad m_2a_2 = f$$

$$\therefore \ m_1a_1 = m_2a_2,$$

$$\frac{m_2}{m_1} = \frac{a_1}{a_2} \qquad \cdots\cdots\cdots\cdots\cdots \quad \langle 수식\ 3\text{-}3 \rangle$$

이를테면 두 물체를 충돌시켜, 그때에 생기는 가속도의 크기가 1:2라고 하자. 질량의 비는 따라서 2:1이라는 것을 안다. 만약 작은 쪽의 질량을 질량을 재는 단위 1g으로 선택하면, 큰 쪽의 질량은 2g이 되는 셈이다.

이렇게 해서 질량을 측정하는 방법이 결정되면, 즉 질량이 정량적으로 정의되면 힘이 질량과 가속도를 곱한 값으로서 측정되어, 정량적으로 정의된다.

이상의 논의에 의하여 뉴턴의 운동의 원리는, 그 내부에 모순을 내포하지 않았다는 것이 분명해졌다.

〈그림 22〉 질량은 어떻게 측정하는가

질량의 측정

실제로 질량을 측정하는 데는 천칭을 사용한다. 질량이 무게에 비례하는 것을 이용하여, 질량을 측정하려는 물체의 무게를 이미 질량을 알고 있는 저울추의 무게와 비교하여 그 물체의 질량을 잰다(그림 22).

보통은 그보다도 용수철저울 등을 사용하여 무게를 측정하고 간접적으로 질량을 구하는 일이 많다. 이미 말했듯이 용수철저울은 무게, 즉 중력의 크기를 재는 장치다. 그리고 무게는 〈수식 3-2〉에 제시돼 있듯이 질량과 중력가속도의 크기를 곱한 값과 같다. 중력가속도는 일정하며 980㎝/(초)^{2}이므로, 무게로부터 질량이 쉽게 구해진다. 1g의 질량의 물체에는 980dyne의 중력이 작용하는 셈인데, 이것은 또 1g중(重)의 무게라고도 부른다.

천칭도 용수철저울도 중력을 이용하고는 있지만, 한쪽은 질량을, 다른 쪽은 무게를 재고 있다는 것에 다시 한 번 유의하기 바란다. 장소를 바꾸어 중력의 크기가 바뀌었을 때 천칭의 바늘은 움직이지 않지만, 용수철저울이 가리키는 눈금이 바뀐다는 것은 말할 나위도 없다.

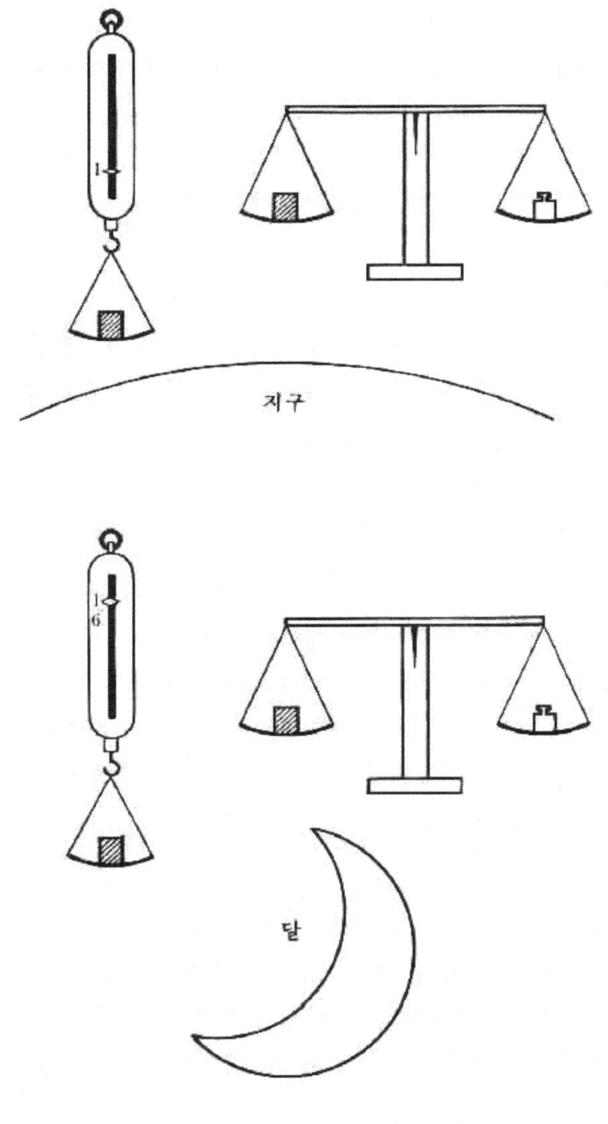

<그림 23> 천칭과 용수철저울

가설, 원리, 법칙

여기서 가설, 원리, 법칙 따위의 용어를 설명해 두겠다.

원리는 수학의 공리(公理)에 대응하고, 법칙은 정리(定理)에 대응한다. 정리는 공리에 의하여 증명되는 것인데 공리는 증명돼야 할 것이 아니라 성립이 요청되는 것이다. 이를테면 유클리드 기하학에 있어서 평행선의 공리 「주어진 직선 외의 한 점을 지나 이 직선에 평행인 직선은 단 하나를 그을 수 있다」는 다른 공리로부터 유도할 수 없고, 또 이것을 다른 내용의 공리로 바꿔 놓으면 비유클리드 기하학이 만들어진다.

그리고 각각의 수학 이론에 있어서 공리계(公理系)가 서로 모순되지 않게 선택돼 있는지, 또 공리계의 모순이 없다는 증명이 가능한지, 이것은 지극히 심오한 문제다.

물리학의 법칙은 현상으로부터 이끌어지는 것인데, 가설은 직접 현상으로부터 이끌어지는 것이 아니고 법칙을 설명하고 기초를 부여하는 것으로서, 가설이 확실하다고 간주됐을 때 원리라고 불린다. 따라서 통상 운동의 법칙, 만유인력의 법칙 따위로 불리는 것은 바르게는 운동의 원리, 만유인력의 가설 따위로 불려야 마땅한 것이다.

세 운동 원리는 폐쇄된 체계를 만든다

이상 우리는 세 운동의 원리를 수립했는데, 힘과 운동에 대한 논의에 있어 이 셋으로 충분할까? 아니면 다시 제4, 제5의 가설이 필요할까?

상호작용을 하고 있는 두 물체까지는 좋다고 하더라도, 셋 이상의 물체가 상호작용을 하고 있을 경우에도, 이 세 운동의

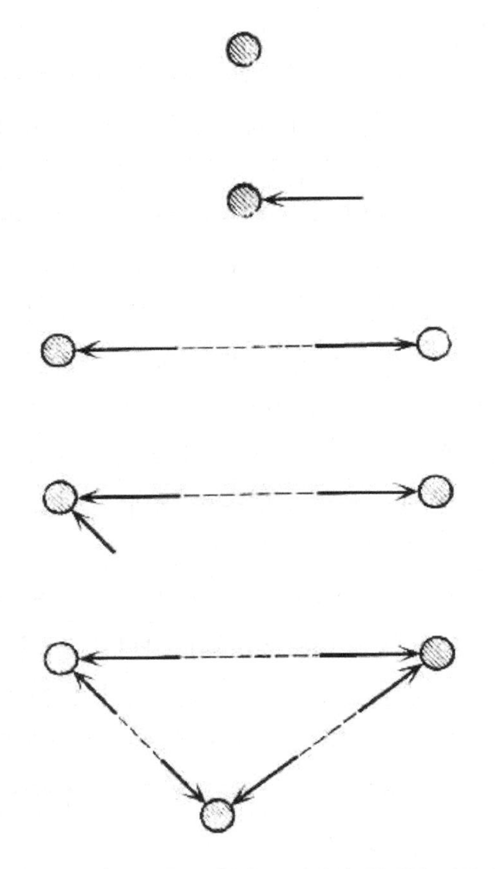

〈그림 24〉 세 운동 원리는 폐쇄된 체계를 만든다

원리만으로 다룰 수 있을까?

여기서 중요한 역할을 하는 것이 힘의 독립성이다. 즉 힘은 서로 독립적이며, 한 물체에 둘 이상의 힘이 동시에 작용하더라도 그들의 힘이 서로 영향을 미쳐 각각의 힘의 크기나 방향이 변하는 일은 일어나지 않는다.

따라서 셋 이상의 물체가 상호작용을 하고 있을 경우에도,

그중의 어떤 두 물체의 짝(組)을 취해 보더라도 다른 여러 물체로부터 힘이 작용하고 있는 데도 불구하고, 그것들 두 물체 사이에는 운동의 제3원리가 성립되는 것이 된다.

만약 힘이 독립성을 갖지 않는다면 셋 이상의 물체의 상호작용은 두 물체의 상호작용으로 분해하여 다룰 수 없고, 세 물체, 네 물체……간의 힘에 대해 가설을 첨가하지 않으면 안 될 것이다.

즉 힘의 독립성의 가정에 의하여 운동의 제1, 제2, 제3원리는 힘과 운동에 관해 완전하고 폐쇄된 체계를 형성하고 있으며, 그 이상 다른 가설을 첨가할 필요가 없다.

물체의 너비

그러면 이번에는 물체가 거기에 존재하고, 힘이 거기를 통하여 작용할 때 운동이 거기서 행해지는 장소, 공간에 대해 고찰해 보자.

지금까지 우리는 물체를 특징짓는 양으로서 오로지 질량, 즉 관성의 크기를 나타내는 양에 대해서만 말했다. 실제로 바깥으로부터의 힘의 작용에 의하여 물체가 어떻게 운동하는지를 논하고 있는 한, 물체의 크기 따위는 그다지 본질적인 역할을 하지 않고, 물체는 질량에만 의하여 특징지어질지 모른다. 하나의 이상화(理想化)로서 크기가 없고 질량만을 갖는 물체, 즉 질점(質点)의 개념이 독립되는 연유다.

그러나 점이라는 것은 자기 자신의 내부를 갖고 있지 않다. 그러므로 점은 모두 같으며, 그 위치로 구별될 수 있을 뿐이다. 너비가 있으면 물체는 내부를 가지며, 회전이나 진동 등의 내

〈그림 25〉 르네 데카르트(1596~1650)

부 운동이 가능해진다. 그리고 크기나 형태가 다르거나 여러 가지 내부 운동의 상태가 있거나 하여 서로 구별할 수 있다. 따라서 질점은 수학적으로는 다루기 쉬워도 물리적으로는 상당히 극단적인 이상화라고 할 수 있다. 물리학의 대상으로서 물체는 크기와, 공간적인 너비를 가졌어야만 진실로 생생한 내용을 잉태할 수 있는 것이다.

실제로 뉴턴은 물체를 공간적인 너비를 갖는 것이라고 생각했다. 물질과 공간은 서로 독립적인 실체이며, 물체의 본질은 물질의 존재와 그 공간적인 너비였다. 그리고 물체의 질량은 그 부피 속에 내포돼 있는 물질의 양 바로 그것이었다.

이런 문제에 대해서는 나중에 『물리학의 재발견(하)』에서 소립자(素粧子)와 관련해서 깊이 고찰하기로 하겠다.

다만 뉴턴과 대비되는 데카르트의 생각을 간단히 적어두겠다. 그는 물체의 본질을 연장(延長)과 너비라고 생각했다. 물체가 있는 곳에는 연장이 있고, 연장이 있는 곳에는 물체가 있어야 한다. 데카르트의 공간은 물질로 충만한 공간이며, 공허한 공간이란 있을 수 없다.

여기에도 또 공간+물질, 공간=물질이라는 서로 대립되는 두 견해가 나타나 있다.

그리고 뉴턴은 원자론을 취했고, 데카르트는 물질은 무한히 분할이 가능해야 한다고 했다.

힘의 전달

공간을 통해서 작용하는 힘이라는 개념에도 검토돼야 할 문제가 있을 거라 생각한다.

힘은 운동의 상태를 변화시키는 원인이라고 정의돼 있다. 그러나 애당초 힘의 개념은 밀거나 당기거나 할 때의 근육의 감각에서 유래한다. 따라서 힘을 작용하게 하는 것과 힘의 작용을 받는 것이 서로 접촉해 있다는 것이 전제가 됐다. 실제로 기계적인 힘의 작용은 모두 접촉에 의하여 전달된다. 떨어져 있는 것 사이에 직접 작용하는 중력(重力)이라는 개념은 힘의 이미지를 크게 비약시킨 것이다.

그러나 과연, 중력은 지구와 낙체(落体) 간에 아무 매개물도 없이 직접 힘을 작용해서 가속도를 주고, 운동 상태를 변화시키는 것일까? 오히려 눈이나 손으로는 거의 느끼지 못하지만, 무엇인가 실과 같은 미세한 입자, 희박한 유체와 같은 힘의 작용을 전달하는 매개물이 있다고 생각하는 편이 보다 물리적이

〈그림 26〉 케임브리지대학 트리니티 칼리지에 있는 뉴턴의 동상

아닐까?

여기서는 문제를 제기하는 데에만 그치고, 나중에 다시 자세히 논의하기로 하자.

뉴턴역학의 시간, 공간

운동이란 물체의 공간적 위치의 시간적 변화다. 속도나 가속도는 자와 시계로 잰다. 운동의 개념은 시간의 개념과 공간의 개념을 전제로 하고 있다. 그리고 뉴턴역학에서 전제되는 것은 영원히 균일하게 흐르는 시간, 균질이고 무한히 확대되는 공간이며 또 시간과 공간의 절대성일 것이다.

공간의 균질성은 이미 말했듯이 우리가 가진 소박한 이미지는 아니지만, 시간의 균일성은 우리의 이미지 바로 그것이라고 해도 된다. 주관적으로는 어떻게 느끼든 간에 객관적으로는 빨라지지도 않고 느리게도 되지 않고, 균일하게 흐르고 있는 시간의 존재를 인정하지 않을 수 없다.

시간의 균일성, 공간의 균질성은 자연의 원리나 법칙이 언제라도, 어디서라도 시간이나 공간의 어느 부분에서도 마찬가지로 성립되고 있다는 것을 뜻한다. 특히 운동의 제1원리는 시간의 균일성과 공간의 균질성을 직접 표현하고 있다고 해도 될 것이다.

시간이나 공간의 절대성이란 어떤 것일까?

절대시간은, 스스로 그 자신의 본성에 따라서 다른 무엇에도 관계없이 균일하게 흐르는 것이다. 우주가 어떤 상태에 있더라도 느려지지도 빨라지지도 않고, 우주 어디서든지, 정지해 있는 사람에게서도 운동하고 있는 사람에게서도 공통의—보편적인 시간이 흐르고 있다는 것이다. 극단적으로 말하면 설령 물질이 존재하지 않더라도, 흐르기를 멈추지 않는 수학적인 시간이다.

절대시간의 개념은, 시간에 대하여 우리가 품고 있는 이미지의 추상화일 따름이라고 할 수 있다.

또 절대공간은 그 본성으로서 다른 무엇에도 관계없이 늘 같으며, 부동한 것이다. 우주가 어떤 상태에 있더라도 늘 같은 형태를 하고 있으며, 다른 것이 어떻게 운동하건 움직이지 않는 공간이다. 극단적으로 말하면 물질의 존재에는 관계없는 수학적인 공간이다.

절대공간의 개념도 공간에 대하여 우리가 품고 있는 이미지에 확실히 호소하는 바를 갖고 있다. 지구가 부동이 아니라는 것을 알았을 때, 인간은 어딘가에 정지돼 있는 안정한 발판의 존재를 바랬다. 절대공간은 부동의 대지라는 감각적 경험의, 또는 그 신념의 일반화, 추상화일 따름이다. 구체적으로 그것은 전 우주의 질량 중심(重心)이 정지해 있는 공간에 구해질 것이다.

또 절대공간과 똑같으며, 다만 절대공간에 대해 운동하고 있는 공간을 상대공간(相對空間)이라고 한다.

물체의 운동도 따라서 절대공간에 관한 절대운동과 상대공간에 관한 상대운동으로 구별된다. 이를테면 지구 위에 정지해 있는 물체는 지구에 대한 상대운동은 하고 있지 않지만, 지구와 더불어 절대운동은 하고 있는 셈이다.

시간의 영원성, 공간의 무한성, 시간, 공간의 절대성은 그 형이상학적(形而上學的)인 배경으로서 범신론(汎神論)에 이어지는 것을 가졌다고 해도 된다. 그것은 서구에서는 신플라톤파의 흐름이다.

이와 같은 시간, 공간, 운동의 절대성에 대해서는 후에 6장과 『물리학의 재발견(하)』에서 검토하기로 하겠다.

4. 힘과 운동

—원인으로부터 필연적으로 결과가 정해진다

뉴턴의 운동방정식

일식이나 월식이 예언했던 바로 그 시간에 일어나는 일만큼 사람들에게 천문학, 그리고 물리학에의 감동을 자아내게 한 것은 없을 것이다. 천체의 운동 또는 일반적으로 물체의 운동은 어떻게 해서 예지되는 것일까? 그것을 가능하게 하는 것이 운동의 원리다.

운동의 제2원리에 따르면, 물체의 운동이 주어지면 이것에 작용하는 힘이 구해지고, 반대로 물체에 작용하는 힘이 얻어지면 그 물체의 운동을 구할 수 있다. 힘과 운동의 관계를 논하는 물리학의 분야를 역학(力學)이라고 하는데, 이 운동의 제2원리는 역학의 가장 기본적인 원리다.

3장에서 말한 대로 운동의 제2원리에 따르면 힘(f)과 가속도(a)는 방향이 서로 같고, 그것들의 크기의 사이에는 물체의 질량을 m으로 하면

$$ma = f \quad \cdots\cdots\cdots\cdots\cdots \quad \langle 수식\ 4\text{-}1 \rangle$$

이라는 관계가 성립돼 있다. 이 힘의 크기와 가속도 크기의 관계를 나타내는 〈수식 4-1〉은 그것들의 방향 관계와 더불어 뉴턴의 운동방정식(運動方程式)이라고 불린다. 역학의 문제는 모두 이 운동방정식을 사용하여 논해진다.

운동은 어떻게 하여 구해지는가

지금 가장 간단한 예로서 힘(f)이 제로인 특별한 경우를 생각해 보자. 그때는 운동방정식 〈수식 4-1〉에 의해 가속도도 제로가 되므로, 물체의 속도는 변화하지 않는 것이 된다. 즉 힘이

작용하지 않으면 물체는 등속도 운동을 한다. 이것은 바로 운동의 제1원리다.

이와 같이 운동의 제2원리는 그것의 특수한 경우로서 운동의 제1원리마저 포함하고 있다.

또 반대로 물체가 등속도 운동을 하고 있을 때, 즉 가속도(a)가 제로인 때는, 운동방정식 〈수식 4-1〉에 따라 힘(f)도 제로가 되어 힘이 작용하지 않는다는 것을 안다.

즉 운동방정식에 의해 등속도 운동으로부터 힘이 작용하고 있지 않다는 것과, 힘이 작용하고 있지 않다는 것으로부터 등속도 운동이 서로 이끌어진다.

그런데 운동으로부터 힘을 구할 때, 등속도 운동이라면 모두 그 속도의 크기, 방향이 어떻든 간에 힘이 작용하고 있지 않다는 것을 알 수 있고, 반대로 힘으로부터 운동을 구할 때 힘이 작용하고 있지 않다는 것으로부터는 등속도 운동이라는 일반적인 결론이 이끌어지며, 그 속도의 크기, 방향, 물체의 각 시각에 있어서의 위치까지는 한 가지 뜻으로 결정되지 못한다.

즉 힘(f)이 제로인 경우 운동방정식을 해석하여 알 수 있는 것은 물체의 운동은 등속도 운동, 직선 위의 균일한 운동이라는 것이며, 직선 위의 균일한 운동이기만 하면 그 직선이 어디를 통과하든 어떤 방향을 향하든, 어떤 속도의 균일한 운동이든 모든 등속도 운동을 포함한 것이 답이 된다. 그러나 실제로 일어나는 운동은 오직 하나다.

그래서 어떤 시각에서 물체의 위치를 알고 있다면, 먼저 그 점을 통과하는 직선에 한정될 것이다. 그러나 그래도 모든 방향을 향한 직선이 있다. 또 같은 시각에서의 물체의 속도를 알

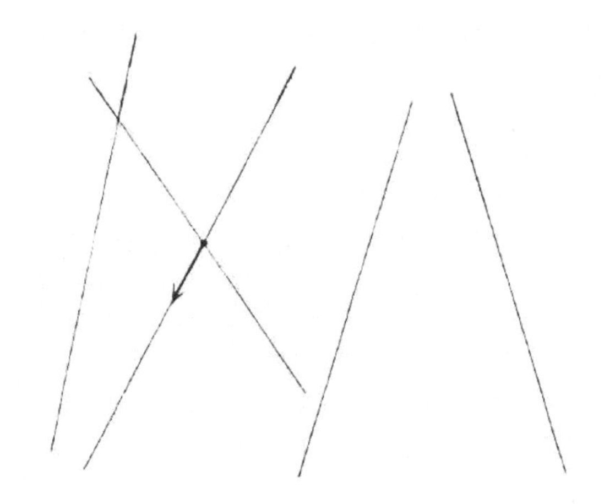

〈그림 27〉 힘이 작용하고 있지 않을 때 뉴턴의 운동 방정식을 풀이하면…

고 있다면 그 방향의 직선은 오직 하나로 결정될 것이다. 그리고 이 직선 위의 균일한 속도의 운동으로서, 그 후의 물체의 위치나 속도는 하나로 결정된다. 즉 물체의 운동이 완전히 결정되는 것이다.

즉 하나의 운동이 주어졌을 때, 그 원인으로서의 힘은 하나로 구해질 수 있지만, 힘이 주어져도 운동방정식만으로는 운동을 일의적으로 구할 수 없으며, 또 어떤 시각에 있어서 물체의 위치와 속도가 주어져서 비로소 운동은 한 가지 뜻으로 결정되게 된다.

중력에 의한 운동

또 한 예를 고찰하자. 이번에는 물체가 등가속도 운동을 하고 있을 때 물체에 작용하는 힘은 어떤 것일까? 등가속도 운동에서는 가속도의 크기도 방향도 늘 일정하므로 운동방정식에 따르면 작용하는 힘도 크기, 방향이 일정하다는 것이 이끌어진다. 즉 등가속도 운동의 원인은 일정한 힘이다.

그렇다면 반대로 일정한 힘에 작용되는 물체의 운동은 어떤 것일까? 작용하는 힘의 크기, 방향이 일정하다면 운동 방식에 의해, 가속도의 크기, 방향도 일정하다고 유도된다. 즉 일정한 힘에 의해 작용되는 물체의 운동은 등가속도 운동이다.

우리에게 가장 밀접한 등가속도 운동은 연직낙하운동일 것이다. 제1장에서 살펴보았듯이 그 가속도는 크기 g=980㎝/(초)^{2}이고, 늘 연직하향을 하고 있었다. 따라서 낙하운동의 원인을 중력이라고 부른다면, 그 크기는 일정해서 mg와 같고 수직하향이 아니면 안 된다.

반대로 중력의 작용 아래서 물체가 하는 운동은 등가속도 운동이 아니면 안 된다. 즉 가속도 방향의 속도는 시간에 비례하여 증대하지만, 가속도에 수직인 방향의 속도는 시간이 지나도 바뀌지 않는 것이 된다. 따라서 만약 물체가 처음 정지 상태에서 출발한다면, 수평 방향의 속도는 제로인 그대로이기 때문에 운동은 연직 방향을 따라, 속력은 시간에 비례해서 증대한다. 또 만약 처음에 수평 방향으로 내던져졌다고 한다면 수평 방향의 속도는 초기 속도인 채 일정하고, 연직 방향의 속도는 시간에 비례해서 증대하며, 물체의 운동은 이것들을 합성한 포물선에 따른 운동이 될 것이다.

이렇게 해서 최초의 속도가 주어지면, 그 운동은 연직선 또는 초기 속도에 대응해서 일정한 형태의 포물선을 그리는 것을 알 수 있다. 또 초기 속도+초기 위치가 주어지면, 거기를 통과

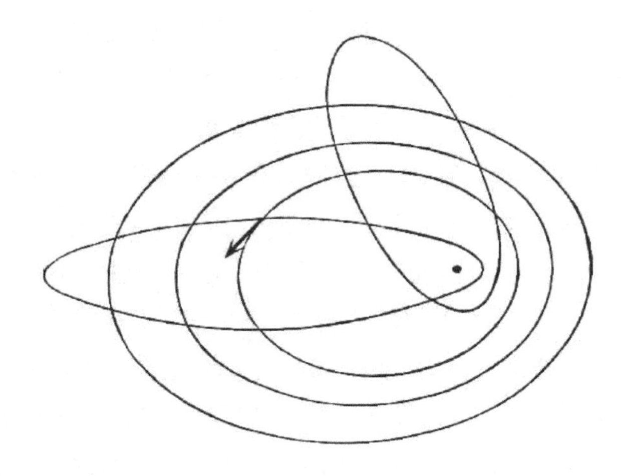

〈그림 28〉 만유인력에 작용되는 물체의 운동

하는 연직선 또는 포물선으로서 그 궤도는 오직 하나로만 결정되어 운동을 완전히 구할 수 있다.

인과율—원인은 반드시 정해진 결과를 가져온다

4장 첫머리에서 언급한 일식이나 월식의 예언도, 태양에 대한 지구의 운동, 지구에 대한 달의 운동을 완전히 결정하고난 다음에 비로소 가능하게 된다는 것은 말할 나위도 없다.

만유인력에 작용되는 행성의 운동은, 운동방정식을 해석함으로써 태양을 초점으로 하는 타원 궤도를 그린다는 것을 알고 있다. 하기는 운동방정식의 해석으로는 태양을 초점으로 하는 모든 타원운동이 포함돼 있다. 그래서 어떤 시각에서의 행성의 위치를 알면, 궤도는 그 점을 통과하는 타원에 한정된다. 또 같은 시각, 따라서 같은 점에서의 속도가 주어지면 그 점에 있어서 그 속도를 접선으로 하는 타원 오직 하나만으로 결정되고,

그 후의 시각에 있어서의 행성의 운동, 즉 위치와 속도가 완전하게 결정된다.

이렇게 해서 태양에 대한 지구의 운동이, 또 마찬가지로 지구에 대한 달의 운동이 완전히 결정되고, 일식이나 월식의 정확한 예언이 가능해진다.

일반적으로 하나의 운동으로부터 물체에 작용하고 있는 힘은 일의(一意)적으로 결정되는데, 힘으로부터 운동은 일의적으로 결정되지 않는다. 어떤 시각에 있어서 물체의 위치와 속도가 주어져 비로소 운동은 일의적으로 결정되는 것이다. 즉 위치가 시간과 더불어 어떻게 변하는가, 속도가 시간과 더불어 어떻게 바뀌느냐가 일의적으로 결정된다. 이와 같이 어떤 시각에서의 물체의 위치와 속도가 그 운동을 일의적으로 결정하기 위해서 주어질 때, 이것을 초기조건(初期條件)이라고 부른다.

즉 힘과 초기조건이 주어지면 운동방정식을 해석함으로써 물체의 운동은 일의적으로 결정되는 것이다.

바꿔 말하면 과거의 위치와 속도로부터 미래의 위치와 속도가 일의적으로 결정된다. 과거의 원인으로부터 미래의 결과가 엄밀하게 결정되게 된다. 즉 뉴턴역학에 있어서는 인과율(因果律)이 성립되고 있다.

뉴턴역학은 기계론적인 세계관에 토대를 두는 이론체계의 완전한 정식화(定式化)다.

또 양자역학(量子力學)에서는 이런 엄밀한 의미에서의 인과율은 성립되지 않으며, 통계적인 인과율밖에 성립되지 않는다는 것은 나중에 『물리학의 재발견(하)』에서 고찰하기로 하겠다.

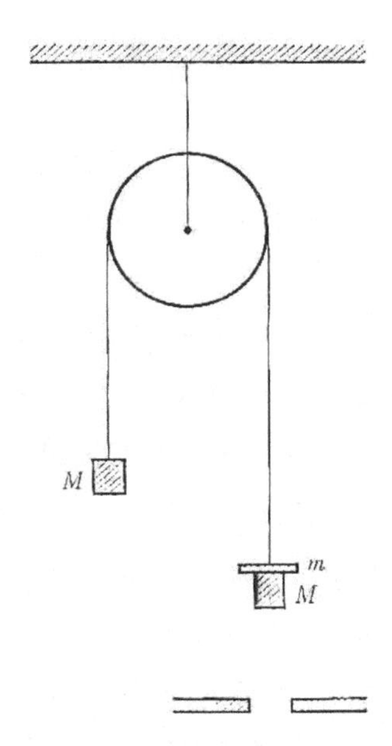

〈그림 29〉 앳우드의 기계

앳우드의 기계

여기서 앳우드의 기계에 대해 언급해 두겠다. 〈그림 29〉와 같이 가벼운 도르래에 건 실의 양 끝에 같은 질량(M)인 2개의 추를 매어단다. 지금 오른쪽 추 위에 작은 질량(m)의 추를 얹으면 전체 질량은 2M+m이며, 작용하는 힘은 좌우로 작용하는 중력의 차이, 즉 (M+m)g-Mg=mg이고 오른쪽은 하강하고 왼쪽은 상승한다. 따라서 그 운동방정식은 다음과 같이 된다.

$$(2M+m)a = mg \quad \cdots\cdots\cdots\cdots\cdots \quad \langle\text{수식 4-2}\rangle$$

운동방정식 〈수식 4-2〉로부터 가속도의 크기(a)는

$$a = \frac{m}{2M+m}g \quad \cdots\cdots\cdots\cdots \quad \langle 수식\ 4\text{-}3 \rangle$$

가 되어, 이 운동은 등가속도 운동이라는 것을 알게 된다. M의 질량과 비교해서 m의 질량을 작게 했으므로, 이 운동의 가속도 크기는 중력의 가속도 크기(g)에 비교해서 작아진다. 따라서 직접 낙하운동의 가속도를 측정하기보다 이 운동의 가속도를 측정하는 편이 수월하고, 그 값으로부터 〈수식 4-3〉을 사용하여 중력의 가속도를 구할 수 있다.

또 낙하 도중에 둥근 구멍을 고정해 두고, 추 M은 통과하지만, 추 m은 통과하지 못하게 해 두면, 이 구멍을 통과한 뒤에는 좌우로 작용하는 중력이 같아지고, 전체로는 작용하는 힘이 제로가 돼 버린다. 따라서 운동의 제1원리에 따라, 구멍을 통과한 뒤는 통과한 순간의 속도로서 등속도 운동을 하게 된다.

완전한 운동—등속 원운동

그런데 지구에 있는 우리는, 그 자전과 함께 늘 같은 속도로 원운동을 하고 있으며, 회전목마를 탔을 때도 그러하다. 추에 끈을 달아 돌리면 마찬가지 운동이 일어난다. 이와 같이 원둘레(圓周)를 따라가는 균일한 속도의 운동을 등속 원운동(等速圓運動)이라고 한다.

고대 그리스 사람들은 지상의 유한한 직선운동과 비교해 이 균일하고 연속적이며 영원한 원운동을 천체의 운동에 어울리는 완전한 것이라고 생각했다. 그리고 천체는 그 본성으로 등속 원운동을 하는 것이며, 역학적인 설명이 필요하다는 것은 전혀 생각지도 않았다. 그들에게 있어서 천문학이란 곧 기하학이었다.

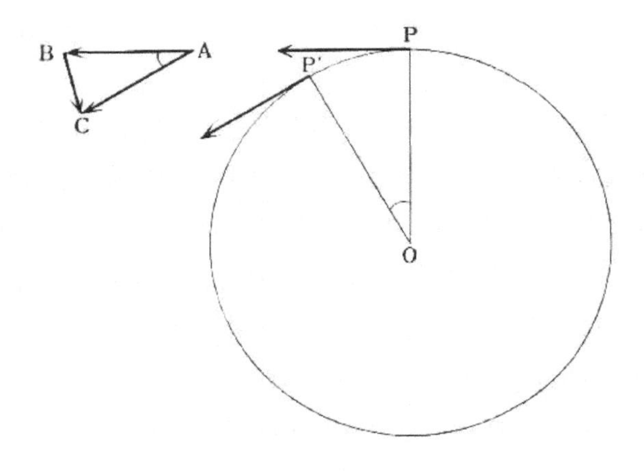

〈그림 30〉 등속 원운동

이런 생각이 1장에서 말한 아리스토텔레스에 의한 상하 방향으로 비균질인 공간구조와 밀접하게 관련돼 있다는 것은 말할 나위도 없다. 균질한 공간에 있어서는 천상의 운동을 지상의 운동과 구별할 이유가 없고, 모두 같은 운동의 원리를 따르는 것이다.

그런데 등속 원운동을 고찰할 때 먼저 주의해야 할 일은 이미 1장에서도 언급했지만 그 가속도가 제로가 아니라는 것이다. 왜냐하면 속력, 즉 속도의 크기는 변화하지 않지만 속도의 방향은 어느 점에 있어서도 그곳에서의 접선 방향이며, 부단히 변화하고 있기 때문이다.

지금 어떤 시각에 있어서의 물체의 위치를 P, 극히 짧은 시간 Δt 후의 위치를 P′라고 하자. 호 PP′의 길이는, 속력(v)에 운동시간(Δt)을 곱한 $v\Delta t$와 같고, Δt는 극히 짧은 시간이므로, 현 PP′의 길이도, 또 $v\Delta t$와 거의 같다고 생각해도 된다(Δ는 델타라고 읽는다).

또 P, P′에 있어서 속도를 비교하기 위해, 그것들과 같은 벡터를 $\overrightarrow{AB}$, $\overrightarrow{AC}$로 취하면, Δt시간 내의 속도 변화는 벡터 $\overrightarrow{BC}$와 같으며, 그 크기 Δv는 가속도의 크기(a)와 운동시간(Δt)을 곱한 값 aΔt로 두어도 된다.

그런데 ΔOPP′와 ΔABC는, 모두 2등변 삼각형이며 ∠OPP′와 ∠BAC는 같으므로, 서로 상사이다. 따라서 PP′:OP는 BC:AB와 같다. PP′는 vΔt, OP는 반지름(r), BC는 aΔt, AB는 속력(v)이므로,

$$\frac{v\Delta t}{r} = \frac{a\Delta t}{v}$$

그러므로 가속도의 크기(a)는,

$$a = \frac{v^2}{r} \quad \cdots\cdots\cdots\cdots\cdots \quad \langle 수식\ 4\text{-}4 \rangle$$

이 된다.

그러면 가속도의 방향은 어떻게 될까? 지금 Δt를 한없이 제로에다 접근하면 ∠OPP′나 ∠BAC도 제로에 접근하고, 벡터 BC는 벡터 AB에 수직으로, 즉 가속도는 속도에 수직이 된다. 즉 가속도의 방향은 늘 반지름을 따라 중심을 향하고 있게 된다. 이것은 운동의 중심대칭성(中心對務性)으로부터 예상됐던 바다.

따라서 물체가 등속 원운동을 하고 있을 때 그것에 작용하고 있는 힘은 반지름을 따라 중심으로 향하고 그 크기는 물질의 질량을 예로 하면, 이것과 가속도의 크기 〈수식 4-4〉를 곱해서

$m = \frac{v^2}{r}$ 으로 주어지게 된다.

이와 같이 중심을 향해서 끌어당기고 또는 중심으로부터 반발하는, 그리고 방향에 따라 바뀌지 않는 두 대칭한 힘을 중심력(中心力)이라고 한다.

다음에는 등속 원운동을 하고 있는 물체가, 그 궤도를 일주하는 데 요하는 시간, 즉 등속 원운동의 주기를 구해 보자. 반지름 r의 원둘레는 2πr이며, 이 거리를 균일한 속력(v)으로 운동하므로 구하는 주기(T)는,

$$T = \frac{2\pi r}{v} \quad \cdots\cdots\cdots\cdots\cdots \quad \langle 수식\ 4\text{-}5 \rangle$$

로 유도된다.

또 물체와 힘의 중심을 맺는 반지름이 시간과 더불어 얼마만한 각도를 회전하느냐를 나타내는 양이 각속도(角速度)다. 등속 원운동에서는 각도 2π를, 시간인 T로 돌기 때문에, 그 각속도의 크기(w)는,

$$w = \frac{2\pi}{T} \quad \cdots\cdots\cdots\cdots\cdots \quad \langle 수식\ 4\text{-}6 \rangle$$

로서 주어진다.

또 〈수식 4-6〉에 〈수식 4-5〉를 대입하면,

$$w = \frac{v}{r},\ 또는\ v = rw \quad \cdots\cdots\cdots\cdots\cdots \quad \langle 수식\ 4\text{-}7 \rangle$$

가 되어, 속도의 크기와 각속도의 크기의 관계가 얻어진다. 즉 각속도의 크기는 같아도, 중심으로부터의 거리가 클수록 속도

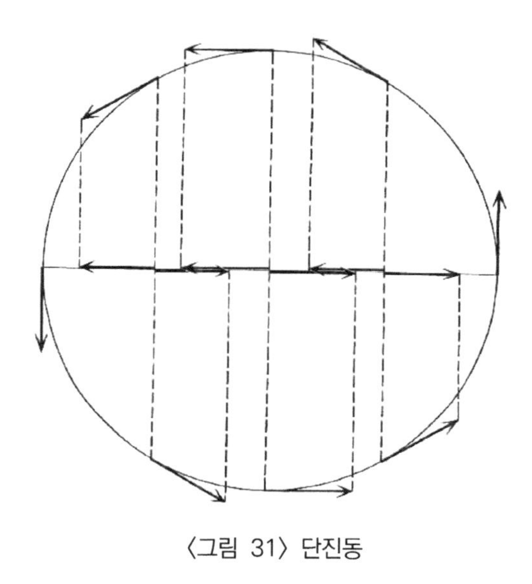

〈그림 31〉 단진동

가 커진다는 것을 가리킨다.

단진동

등속 원운동을 하나의 직선 위에 투영해서 얻어지는 운동을 단진동(單振動)이라고 한다.

먼저 단진동의 속도를 구해 보자. 〈그림 31〉처럼 등속 원운동의 속도를 투영하면 그것은 진동의 중심에서 가장 크고, 등속 원운동의 속도와 같으며, 중심으로부터 떨어져 나감에 따라 차츰 작아져서 끝에서는 제로가 된다는 것을 쉽게 알 수 있다.

진동의 중심으로부터 끝까지의 길이는 진폭(振幅)이라고 불리며, 물론 등속 원운동의 반지름(r)과 같다.

단진동의 주기(T)도 분명히 등속 원운동의 주기와 같고, 따라서 〈수식 4-5〉 또는 〈수식 4-6〉에 의해 $2\pi r/v=2\pi/w$로 주어

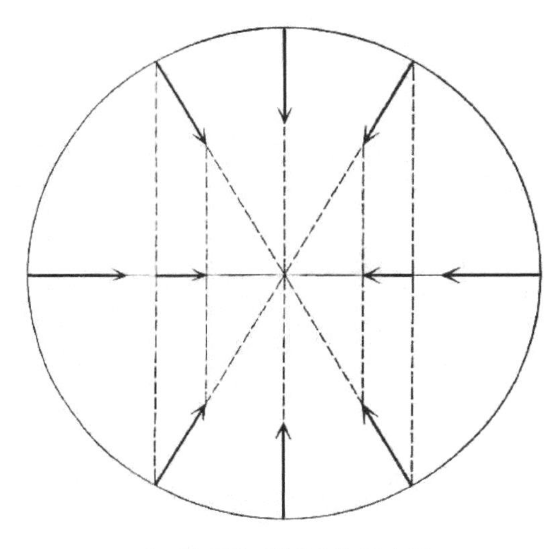

〈그림 32〉 단진동의 가속도

진다. 하기는 단진동일 경우는 r이 진폭, v가 진동의 중심에 있어서의 속력이라는 것은 말할 나위도 없다. 또 w는 단진동에서는 각진동수(角振勤數)라고 불린다.

또 1초간에 몇 번을 진동하느냐는 횟수를 진동수라고 한다. 따라서 진동수(v)는, 다음과 같이 주기(T)의 역수로서 주어진다.

$$v = \frac{1}{T} = \frac{w}{2\pi} \quad \cdots\cdots\cdots\cdots\cdots \quad 〈수식\ 4\text{-}8〉$$

각진동수(w)가 진동수(v)의 2π배와 같다는 것도 안다.

또 단진동의 가속도도 등속 원운동의 가속도를 같은 직선 위에 투영해서 얻어진다. 〈그림 32〉처럼 가속도는 늘 중심을 향하고, 그 크기는 속력과는 반대로 진동의 끝에서 가장 크고 등속 원운동의 가속도 크기와 같으며, 중심에서는 제로이고 또 진폭의 절반인 점에서는 가속도의 크기도 끝에서의 절반이 된다. 즉 가속도의 크기(a)는 중심으로부터의 거리(x)에 비례하고 있다는 것을 안다. 가속도의 방향도 고려하여 진동의 끝 x=r에서의 크기가 $a=v^2/r=rw^2$이라는 것에 주의하면, 단진동의 가속도(a)는 다음과 같이 주어진다.

$$a = w^2x \quad \cdots\cdots\cdots\cdots\cdots \quad \langle 수식\ 4\text{-}9 \rangle$$

여기서 x는 진동의 중심으로부터의 거리, w는 각진동수다.

따라서 단진동을 하고 있는 물체에 작용하고 있는 힘은, 이 가속도에 물체의 질량을 곱한 것과 같고, 늘 진동의 중심을 향해 작용하며 그 크기는 중심으로부터의 거리에 비례한다.

용수철과 흔들이의 운동

이런 힘은 용수철에 의하여 실현된다. 후크의 법칙에 따르면, 탄성체(彈性休)의 신장과 신장에 의하여 생기는 힘은 서로 비례한다. 따라서 용수철에 매단 물체를 균형이 되는 위치로부터 약간 끌어내려서 손을 떼면, 물체는 단진동을 한다.

작은 물체를 긴 실에 매단 단진자(單振子)도, 진동각이 작을 때 단진동을 한다. 그 주기(T)는, 실의 길이를 ℓ로 하면,

$$T = 2\pi\sqrt{\frac{\ell}{g}} \quad \cdots\cdots\cdots\cdots\cdots \quad \langle 수식\ 4\text{-}10 \rangle$$

로 주어진다. 여기서 g는 중력가속도의 크기다. 주기는 진폭에 상관없이 일정하며, 이것은 흔들이의 등시성(等時性)이라고 불린다. 또 주기가 추의 질량에 의존하지 않는다는 것도 주의해 두겠다.

〈수식 4-10〉에 따르면, 온도가 높아지고 실의 길이(ℓ)가 늘

어나면 주기(T)가 길어져서 시계의 진행이 느려지고, 반대로 온도가 낮아지면 시계는 빨라지게 된다.

또 주기에는 중력의 가속도의 크기(g)에도 의존하기 때문에, 같은 흔들이라도 중력이 강한 곳일수록 주기가 짧고, 중력이 약한 곳일수록 주기가 길어진다.

단진자뿐 아니라 모든 진동은 그 진폭이 작을 때 단진동이라고 보아도 되고, 단진동은 극히 기본적인 운동이어서 분자나 소립자의 세계에서도 중요한 역할을 한다.

주기운동과 시간

그런데 등속 원운동이나 단진동은 일정한 시간마다 같은 운동을 반복한다. 이런 운동을 주기운동이라고 한다.

아까 시간의 개념은 운동에 의하여 파악된다는 것을 지적했고, 등속 원운동이 시간의 균일한 흐름의 구체화가 돼 있다는 것을 말했다. 시간의 척도로서 등속 원운동의 운동거리를 취하면 되는 것이다.

주기운동 또한 시간의 척도로 삼을 수가 있다. 실제로 우리는 지구의 공전주기를 1년, 자전주기를 1일로 하여 시간의 척도를 정하고 있다. 게다가 시계도 흔들이의 주기운동을 이용한 것이다.

또 지구의 1공전주기가 365자전주기에 해당하는 것처럼 두 주기운동이 일정한 시간에 각각, 일정한 횟수만큼 운동을 반복한다는 경험사실이 그들 운동에 공통적인 시간의 흐름의 파악과 결부된다.

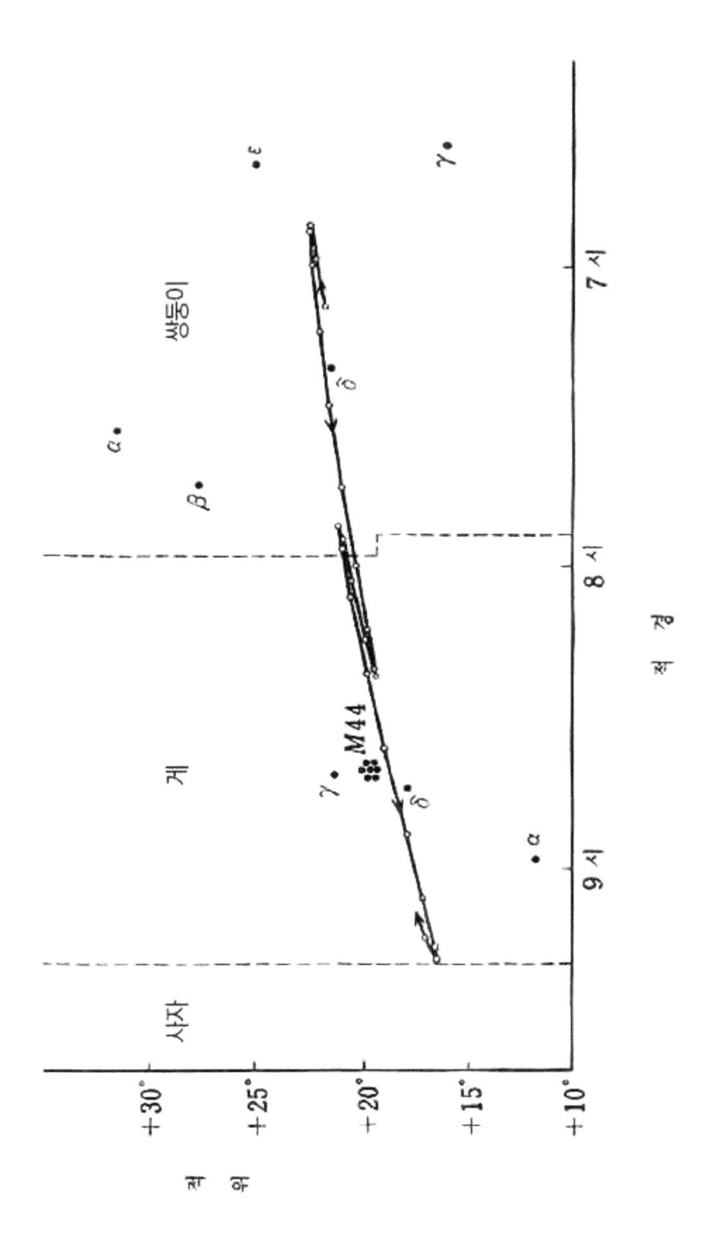

〈그림 33〉 유성의 순행, 역행(1975~1976년의 토성 운동)

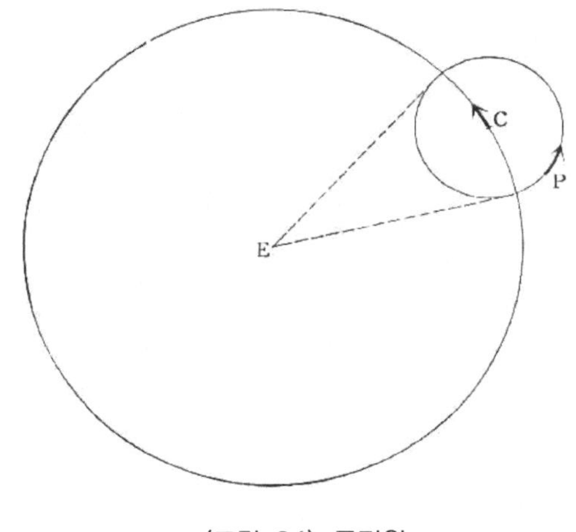

〈그림 34〉 주전원

행성의 순행과 역행

위에서 말했듯이 등속 원운동은 그것을 옆에서 보면 단진동으로 보이는데, 이 일과 관련하여 행성, 특히 목성, 토성 등 외행성(外行星)의 운동에 대해 그 관측사실과 그것에 기초를 두는 궤도의 결정에 대해서 말하겠다.

행성의 위치를 밤마다 황도12궁(黃道12宮)이라고 불리는 별자리를 기준으로 하여 관측하고 있으면, 그것은 남천(南天)을 보통 서에서 동으로 진행하는 것을 알 수 있다. 그러나 때때로 몇 달에 걸쳐서 반대로, 동에서 서로 후퇴하는 일이 있다는 것도 알려져 있다. 이들 운동을 각각 순행(順行) 또는 역행(逆行)이라고 부른다.

이 얼핏 보기에 복잡한 운동은 실은, 등속 원운동과 단진동이 겹친 것으로 돼 있다. 행성은 어떤 점을 중심으로 하여 동서 방향으로 단진동을 하고, 그 진동의 중심은 서에서 동으로 향해 등속도 운동을 하고 있는 것처럼 보인다.

행성의 이런 운동은 지구중심설의 입장에서는 어떻게 설명될까? 〈그림 34〉처럼 행성(P)은, 직접 지구(E)의 주위를 도는 것이 아니고, 지구(E)를 중심으로 하여 등속 원운동을 하는 점(C)의 주위를 다시 등속 원운동하고 있다고 가정한다. C를 중심으로 하는 원을 주전원(週轉圓)이라고 부른다. 또 말할 나위도 없이 점 C는 단순한 기하학적인 점이어서 거기에 어떤 천체가 있는 것은 아니다.

그런데 기묘하게도 어느 행성이든 각각의 주전원을 일주하는 시간은 꼭 1년, 즉 태양이 지구를 일주하는 데 요하는 시간과 똑같다. 어째서 태양의 운동이 다른 행성의 운동과 관계를 가질까? 여기에 지구중심설로부터 태양중심설로의 열쇠가 숨겨져 있다. 즉 주전원은 지구의 태양에 대한 운동의 반영이다.

운동량은 어떻게 측정되는가

그런데 물질의 양은 질량으로 측정되고, 물질의 불생불멸은 질량의 보존에 의하여 표현된다. 물체를 형성하고 있는 물질에 대해서뿐만 아니라, 그 상태—역학에서 그것은 운동이지만—에 대해서도 같은 생각을 추진시킬 수는 없을까?

운동의 양도 개개의 물체에 대해서는 증감되더라도 전체로서는 불변이며, 보존돼 있다고는 생각할 수 없을까? 만약 그렇다면 무엇을 운동의 양, 운동을 측정하는 척도로 선택해야 할까?

이런 양으로서 우선 생각되는 것은 속도다. 그래서 두 물체를 충돌시켜 그것들의 속도가 어떻게 바뀌는가를 살펴보자. 간단하게 하기 위해 처음에는 한쪽 물체를 정지시켜 두고, 다른 물체를 이것에 충돌시켜 본다. 두 물체의 질량이 서로 같을 때는 서로의 속도를 교환하며 달려온 쪽의 물체는 정지하고, 정지해 있던 물체는 달려온 물체가 가졌던 것과 같은 속도로 움직이기 시작한다. 따라서 확실히 둘의 속도를 합한 것은 충돌 전후에서 변하지 않는다.

그러나 처음에 정지해 있는 물체의 질량이 달려오는 물체의 질량과 비교해서 매우 클 때에는, 정지해 있던 물체는 충돌 후에도 거의 움직이지 않고, 달려온 물체는 충돌 전과 거의 같은 속도로 튕겨진다. 즉 질량이 큰 물체의 속도는 거의 변화하지 않고, 질량이 작은 물체의 속도는 크기는 거의 변하지 않지만, 방향이 반대가 된다. 즉 두 물체의 속도의 합은 충돌 전후에 완전히 상이하며, 서로 반대로 향하게 된다. 벽에 탁구공이 부딪혔을 때의 상태를 상상하면 될 것이다.

운동의 양이 속도에 의존하지 않는다고 생각할 수 없지만, 속도 외에 운동하고 있는 물체, 즉 그 질량에도 의존하는 것이 아닐까? 물체에 있어서는 외적인 것인 속도와, 내적인 것인 질량이 결합된 것이 아닐까?

그래서 지금 지렛대의 평형을 생각해 보자. 잘 알듯이 지점(支点)으로부터의 거리 비례는 양 끝에 걸려 있는 물체의 무게, 따라서 질량의 역비와 같다. 이를테면 1:2의 질량의 두 물체는, 지점으로부터 2:1의 장소에 놓였을 때 평형이 된다. 그때 지렛대를 지점 주위로 조금 회전시켜 보자. 그때 지렛대의 각 점의 속도는 지점으로부터의 거리에 비례한다. 이를테면 1:2의 질량인 두 물체는 지점으로부터 2:1인 곳에 놓여 있으므로, 그것들의 속도의 비례도 2:1이다. 따라서 두 물체의 질량과 속력을 각각 곱한 값은 서로 같다.

이와 같은 고찰도 속도와 질량을 곱한 값이 운동의 양으로서의 의미를 가졌다는 것을 시사하는 것처럼 생각된다.

운동량 보존의 법칙

그래서 질량과 속도를 곱한 양을 운동량(運動量)이라고 부르기로 한다. 운동량은 벡터이며, 그 방향이 속도의 방향과 같고, 그 크기가 속도의 크기와 질량을 곱한 값과 같다는 것은 명백하다. 또 운동량의 단위도 질량의 단위와 속도의 단위를 곱한 그램·센티미터/초, 또는 킬로그램·미터/초가 사용된다.

운동량을 이렇게 정의하면, 운동량의 변화는 속도의 변화에 질량을 곱한 것과 같으므로, 운동의 제2원리는

「운동량의 시간적 변화는 힘과 같다」

라고 표현할 수 있다.

따라서,

「힘이 작용하지 않을 경우에는, 물체의 운동량은 변화하지 않고, 그 크기, 방향은 일정하게 유지된다」

이것은 표현은 다르지만, 그 내용은 운동의 제1원리와 같다.

또 두 물체가 충돌 등의 상호작용을 할 경우를 생각해 보자. 그때 운동의 제3원리에 따르면, 작용하는 힘과 반작용하는 힘은 크기가 같고 두 물체를 연결하는 직선을 따라 서로 반대 방향으로 작용한다. 따라서 두 물체의 운동량 변화는 그것들을 잇는 직선을 따라 크기는 같고, 방향은 반대다. 즉 두 물체의 운동량 변화의 합은 세로가 되고, 두 물체의 운동량의 합은 일

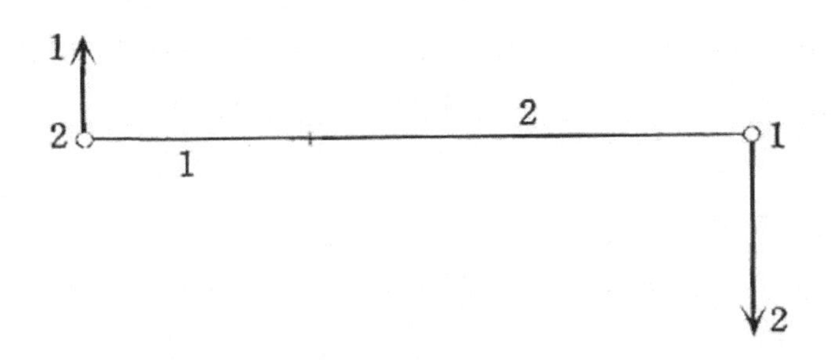

〈그림 35〉 지렛대의 균형과 움직이는 속력

정하게 유지된다.

일반적으로,

「몇 개의 물체가 서로 작용하고 있고, 바깥으로부터의 힘이 작용하고 있지 않을 경우, 그것들의 운동량의 합은 늘 일정하다.」

이것을 운동량 보존의 법칙이라고 한다.

우주 전체를 생각하면, 이것은 고립된 체계라고 보아도 된다. 따라서

「전 우주의 운동량은 보존된다.」

이렇게 고찰한 바와 같이 운동량 보존의 법칙은, 운동의 제2원리 외에 제3원리를 사용하여 유도되었다. 거꾸로 운동량 보존의 법칙을 먼저 가정하면, 운동의 제1원리는 그것의 특수한 경우이고, 제3원리도 그것으로부터 유도된다.

또 운동량 보존의 법칙은 공간의 균질성을 표현하고 있는데, 그 증명은 7장으로 미루기로 한다.

운동량은 눈에 보이지 않는다

운동량을 속도와 비교하면, 속도는 눈에 보여서 알기 쉽지만 운동량은 반응으로 느낄 수밖에 없다. 그러나 역학에 있어서 보다 본질적인 양은, 시각(視覺)의 대상보다는 촉각의 대상이며, 속도보다는 운동량이다.

이를테면 아무리 작은 속도라도, 큰 배가 부둣가에 조금이라도 부딪치면, 부두는 큰 소리를 내며 날아가 버린다. 큰 배는 속도가 작더라도 그 운동량이 지극히 크다. 힘으로 나타나는 것은 속도의 변화가 아니고 운동량의 변화다.

따라서 교통안전의 대책은, 속도 제한이 아니라 운동량의 제한이어야 한다.

또 운동량의 시간적 변화라고 할 때, 속도의 변화뿐 아니라 질량이 시간과 더불어 변화하는 경우도 포함돼 있다는 것에 주의해야 한다. 빗방울이 증발하면서 떨어질 때나, 연료를 소비하여 날아가는 로켓의 운동 등이다.

마지막으로 각운동량(角運動量)에 대해 덧붙여 두겠다. 이것은 회전운동의 양을 나타내는 것으로서, 등속 원운동의 경우 그 크기는 (반지름)×(운동량의 크기)로서 주어진다. 이를테면 실에 추를 매달아 등속 원운동을 하고 있을 때, 실을 짧게 해가면 추의 속도가 증대해서 각운동량이 보존된다.

5. 행성운동과 만유인력

—만유인력이 거리의 제곱에 반비례하는 것은, 공간이 3차원이라는 것에 대응한다

뉴턴의 사과

이미 여러 번 언급한 것처럼, 역학은 늘 천문학과 깊은 관련을 유지하며 발전해 왔다. 특히 그 결정적인 결부는, 뉴턴의 그 유명한 사과 에피소드로 잘 알려져 있다.

조용한 저녁녘에, 깊고 긴 정신의 과로와 긴장으로부터 해방돼 나무 그늘에서 쉬고 있던 뉴턴 곁에 사과 1개가 툭 떨어졌다.

사과는 떨어지는데, 왜 달은 떨어지지 않을까?

달과 사과의 운동의 차이는 다음과 같이 설명된다. AFB를 지구의 표면, C를 그 중심이라고 하자. 지금 높은 산꼭대기 V로부터 수평 방향으로 돌을 던지면 최초의 속도가 커지는 데 따라, 차츰 긴 거리를 운동하여 VD, VE, VF라는 궤도를 그리게 된다. 그리고 속도가 몹시 커지면 돌은 지상으로는 떨어지지 않고 본래의 산꼭대기로 돌아가서 언제까지고 지구 주위를 회전할 것이 틀림없다(그림 36).

달이나 인공위성은, 마치 이 돌과 같은 경우라고 생각하면 된다. 달이 떨어지지 않는 것이 아니다. 달은 끊임없이 직선운동에서 벗어나서 지구를 향해 계속 낙하하고 있다. 결국 같은 힘이 작용되고 있더라도 물체가 최초에 가졌던 수평 속도가 다른 데에 따라, 즉 초기조건의 상위에 따라 달의 운동과 사과의 운동에 차이가 생긴다.

사과가 뉴턴의 곁에 떨어졌다는 것은 확실히 우연일지 모른다. 그러나「이 같은 우연은, 그럴 만한 값어치가 있는 사람만이 갖는 기회다.」

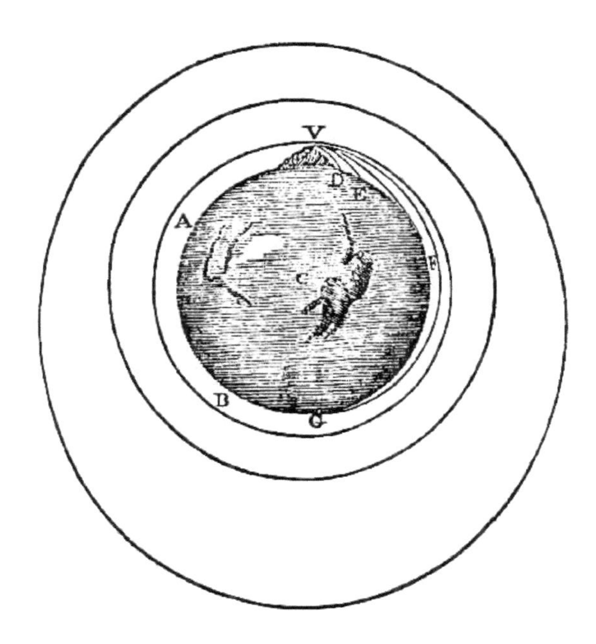

〈그림 36〉 뉴턴에 의한 달 운동의 설명

우주의 조화, 케플러의 법칙

지구를 도는 달의 운동, 태양을 도는 여러 행성의 운동은 케플러에 의해 3가지 법칙으로 정리됐다.

(1) 행성의 궤도는 태양을 초점으로 하는 타원이다.

(2) 행성의 속도는 태양으로부터의 거리가 가까울수록 빠르고, 태양과 행성을 맺는 선분(線分)은, 동일 시간에 늘 동일 면적을 쓸고 간다.

(3) 여러 행성의 주기의 제곱은 태양으로부터의 평균거리(타원의 장축)의 세제곱에 비례한다.

케플러에게는 천문학이란 곧 우주에 숨겨진 기하학적인 조화

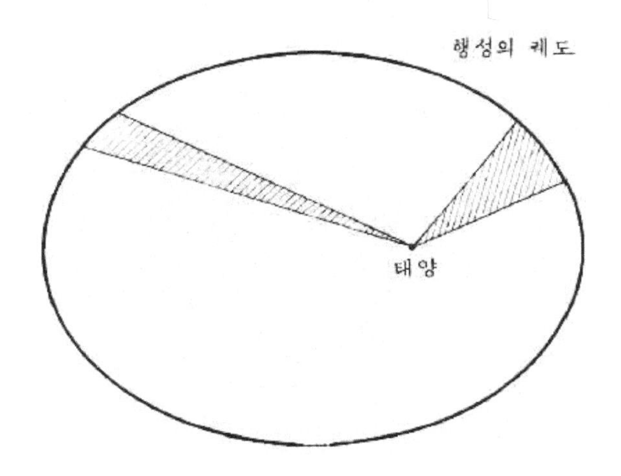

〈그림 37〉 케플러의 제1법칙, 제2법칙

(調和)를 따지는 일이었다. 그의 앞에 튀코 브라헤의 정밀한 관측 자료가 쌓인다. 그리고 수적(數的) 조화와 관측 자료와의 길고 엄격한 투쟁은 케플러의 제1, 제2법칙이 되었다(그림 37).

케플러야말로 천문학을 물리학으로써 파악하고, 천체의 운동을 역학으로 설명하려 한 최초의 인물이다(그림 38). 그의 역학은 완성된 것은 아니었고, 힘에 대한 가설도 나중에 언급되듯 옳지 않았다. 그러나 그보다 이전의 사람들에게는 그것이 지구중심설을 지지하는 사람이건, 태양중심설을 지지하는 사람이건, 천문학은 어디까지나 기하학이었을 뿐이다. 천체의 원 궤도에 역학적인 설명이 필요하리라고는 전혀 생각하지 않았다. 그리고 천문학을 기하학이라고 보는 한, 원 이외의 궤도나 속도가 변하는 운동을 도입하기는 불가능했을 것이다.

행성의 운동은 원 궤도로부터 벗어나는 동시에 등속도 운동

〈그림 38〉 요하네스 케플러(1571~1630)

으로부터도 작별을 고했다. 그러나 거기에는 역학에 떠받쳐지는 새로운 조화가 발견된다. 그리고 태양도 우주의 기하학적 중심으로부터 역학적 중심으로 변모해 간다.

그런데 케플러의 제1, 제2법칙은 개개의 행성에 대한 조화였다. 남겨진 문제는 여러 행성 상호 간에 존재해야 할 조화를 발견하는 것이어야 했다. 이미 튀코의 관측 자료와 대결하고, 경험적인 것에 의하여 단련된 케플러는 자신만만하게 그의 고향, 수적 조화의 세계로 돌아간다.

그는 협화음(協和音)을 내는 현(技)의 길이의 비례로서 수적인 조화를 파악한다. 이를테면 도, 미, 솔은 장삼화음(長三和音)이고, 도, 미의 음정은 장삼도(長三度)인데, 장삼도의 음정은 진동수로 4:5, 현의 길이로는 5:4의 비를 이루고 있다. 여러 행성 사이에 협음정(協音程)의 아름다운 정수비를 갖는 관계를 탐구하

〈표 1〉 행성의 운동

행성	대항성 공전주기(년)	궤도장축		이심률
		천문단위	10^6㎞	
수성	0.241	0.387	57.9	0.206
금성	0.615	0.723	108.2	0.007
지구	1.000	1.000	149.6	0.017
화성	1.880	1.524	227.9	0.093
소행성	4.603	2.767	413.6	0.076
목성	11.862	5.203	778	0.048
토성	29.457	9.539	1427	0.056
천왕성	84.015	19.182	2870	0.047
해왕성	164.788	30.057	4496	0.009
(명왕성)	247.7	39.5	5910	0.247

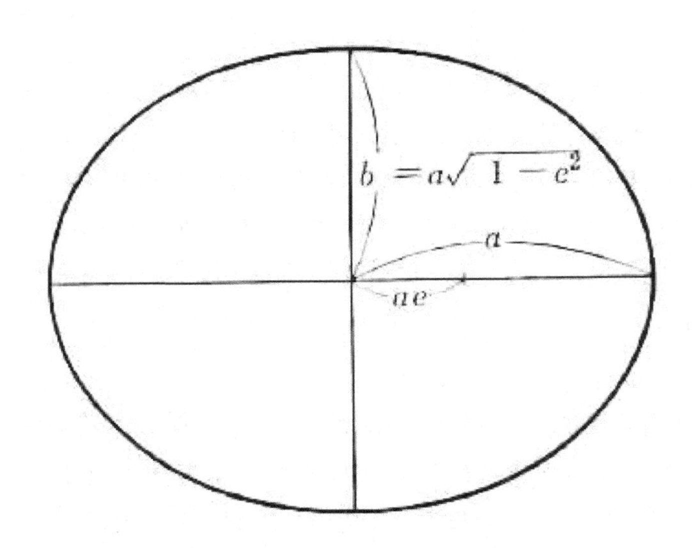

〈그림 39〉 타원의 초점, 장축, 단축, 이심률

여, 끝내 케플러는 제3법칙에 도달한다.

아인슈타인의 말을 인용하자. 「케플러의 경이적인 공적은, 지식이 경험으로부터 태어나는 것이 아니라, 다만 지성(知性)이 발견해낸 바를, 관찰된 사실과 비교하는 것에서만 얻어진다는 진리의 각별히 아름다운 예증(例證)이다.」

〈표 1〉에 여러 행성의 공전주기와 궤도장축(軌道長軸)을 들어 두었다. 케플러의 제3법칙을 확인할 수 있을 것이다. 지구의 장축을 거리의 단위로 하여, 천문단위라고 부른다. 참고로 이심률(離心率) e도 적어 두었다. 중심과 초점과의 거리는 (장축)×(이심률)이며, 단축의 장축에 대한 비는 $\sqrt{1-e^2}$ 으로서 주어진다. 여러 행성의 궤도는 타원이라고는 하지만, 거의 원에 가깝다는 것을 알 것이다(그림 39).

또 주된 행성의 궤도는 태양을 포함하는 거의 같은 평면 위에 있다는 것도 덧붙여 둔다. 명왕성과 소행성 대부분은 상당히 기울어진 궤도를 가지고 있다.

만유인력의 가설

달은 케플러의 법칙에 따라 지구 주위를 회전하고, 사과는 갈릴레오의 낙하운동 법칙을 좇아 지구를 향해 떨어진다. 이들 두 법칙을 통일적으로 설명하고, 기초를 부여하는 것이 뉴턴의 만유인력 가설이다.

즉,

「모든 물체 사이에는 인력이 작용하고 있으며, 그 크기는 각각의 질량을 곱한 것에 비례하고, 거리의 제곱에 반비례하고 있다.」

이 가설을 식으로 나타내면 다음과 같다.

$$f \propto \frac{m_1 m_2}{r^2} \quad \cdots\cdots\cdots\cdots\cdots \quad \langle 수식\ 5\text{-}1 \rangle$$

여기서 f는 만유인력의 크기, m_1, m_2는 각각의 물체의 질량, r은 두 물체 간의 거리다. 또는 더 엄밀하게는,

$$f = G\frac{m_1 m_2}{r^2} \quad \cdots\cdots\cdots\cdots\cdots \quad \langle 수식\ 5\text{-}2 \rangle$$

$G = 6.673 \times 10^{-8}$다인·$cm^2/g^2 = 6.673 \times 10^{-11}$뉴턴·$m^2/kg^2$

으로 나타낼 수 있다. 비례상수(G)는, 만유인력 상수로 불린다.

달에 작용하는 힘

그래서 이 만유인력의 가설을 이론적으로 유도해 보자.

아까 우리는 낙하운동의 원인을 이루는 중력이 어떤 물체의 질량에 비례해서 (장축)×(낙하운동의 가속도 크기)와 같고, 연직 하향을 하고 있었다는 걸 알 수 있었다.

이번에는 달의 운동의 원인이 되는 힘이, 어떤 힘인가를 구해야 한다.

달의 운동은 케플러의 제1, 제2법칙을 따르고 있다고는 하나, 그 타원 궤도는 이심률 0.055, 단축의 장축에 대한 비는 0.9985이고, 원으로부터 그리 벗어나지 않았으며, 따라서 지구로부터의 원근(遠近)에 의한 속력의 변화도 작다. 그래서 간단하게 달의 운동은 등속 원운동이라고 하여 계산을 진행하자. 물론 이것은 제3법칙을 만족시켜 주는 운동이어야 하며, 그때 원

〈그림 40〉 뉴턴이 있었던 케임브리지대학 트리니티 칼리지

궤도의 반지름이 바로 지구로부터의 평균거리인 셈이다.

이미 4장에서 살펴보았듯이 등속 원운동의 주기(T)는 그 반지름(r)과 속도로부터, 다음과 같이 표현된다.

$$T = \frac{2\pi r}{v} \quad \cdots\cdots\cdots\cdots\cdots \quad 〈수식\ 5\text{-}3〉$$

또 케플러의 제3법칙에 따르면,

$$T^2 \propto r^3 \quad \cdots\cdots\cdots\cdots\cdots \quad 〈수식\ 5\text{-}4〉$$

이다. 그래서 이들 두 식으로부터 주기(T)를 소거하면,

$$v^2 \propto \frac{1}{r} \quad \cdots\cdots\cdots\cdots\cdots \quad 〈수식\ 5\text{-}5〉$$

즉 속도의 제곱은 반지름에 반비례한다.

한편 등속 원운동의 원인을 이루는 힘은, 늘 중심을 향해 있

고, 그 크기(f)는 이미 계산과 같이,

$$f = m\frac{v^2}{r} \quad \cdots\cdots\cdots\cdots\cdots \quad \langle 수식\ 5\text{-}6 \rangle$$

으로 주어진다. m은 물론 운동 물체의 질량이다. 이것에 제3법칙으로부터 얻은 〈수식 5-5〉를 넣으면,

$$f \propto m\frac{1}{r^2} \quad \cdots\cdots\cdots\cdots\cdots \quad \langle 수식\ 5\text{-}7 \rangle$$

즉 지구가 달을 끌어당기는 힘의 크기는, 달의 질량에 비례하고, 궤도 반경의 제곱에 반비례해야 한다.

또 운동의 제3원리에 따르면, 달은 지구가 달에 미치는 인력과 같은 크기의 인력을 지구에 미치고 있을 것이다. 이 힘은 달과 지구에 관해서 대칭적인 형태를 하고 있어야 하므로, 지구의 질량에 비례하고 있을 것이다. 따라서 달과 지구 사이에 작용하는 인력의 크기는, 달의 질량에도 지구의 질량에도 비례하게 된다. 즉 달과 지구 사이에 작용하는 인력의 크기는, 달의 질량과 지구의 질량을 곱한 것에 비례하고, 달과 지구 간의 거리의 제곱에 반비례한다.

이것을 식으로 나타내면,

$$f \propto \frac{mM}{r^2} \quad \cdots\cdots\cdots\cdots\cdots \quad \langle 수식\ 5\text{-}8 \rangle$$

이 된다. 여기서 f는 달과 지구 간에 작용하는 인력의 크기, m, M은 각각 달, 지구의 질량, r은 달과 지구의 거리다. 즉 만유인력의 가설 〈수식 5-1〉이 유도되었다.

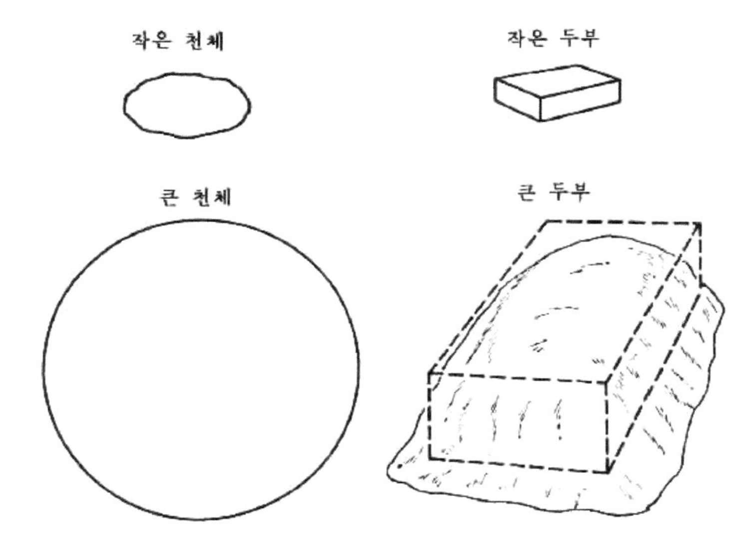

〈그림 41〉 천체는 왜 구형을 하고 있는가

이 계산을 거꾸로 더듬어 가면, 만유인력의 가설로부터 케플러의 제3법칙이 유도되는 것은 분명하다.

천체는 왜 구형을 하고 있는가

그런데 두 물체 사이의 거리라고 할 때, 각각의 물체의 어느 점에서 어느 점까지를 재느냐가 문제가 된다. 이것은 만약 물체가 구(球)형이고 그것을 형성하고 있는 물질이 중심에 관해서 등방적으로 분포하고 있다면, 이를테면 지구처럼 여러 가지 물질이 구층(球層)을 이루어 포개져 있다면, 두 물체 간의 거리를 취하면 된다는 것이 증명된다.

기왕에 말이 나왔으니 말인데, 천체는 왜 구형을 하고 있을까? 사실은 이것도 중력의 작용에 의한 것이다. 이를테면 집만

한 크기의 두부를 만들어 보자. 이 두부는 자신의 무게 때문에 도저히 네모반듯한 형태를 그대로 유지할 수 없어, 허물어져서 모서리가 없어질 것이다. 같은 일을 바위에도 적용할 수 있다. 그것이 아무리 딱딱하더라도 지나치게 큰 덩어리가 되면 자체의 무게 때문에 허물어져서 차츰 구형에 가까워진다(그림 41).

사실, 작은 천체에는 구형과 꽤 먼 형태를 한 것도 있다. 이를테면 소행성의 하나인 에로스는, 35×16×7㎞라는 길쭉한 형태일 것이라고 추정하고 있다.

중력은 달까지 다다라 있다

이제 다음에는 달의 운동의 원인이 되는 힘과 지구의 중력이 같은 힘이라는 것을 증명해야 한다.

지구의 인력에 의한 달의 운동의 가속도 크기는 달의 주기와 지구로부터의 거리를 알면 계산할 수 있다. 등속 원운동의 가속도를 주는 〈수식 4-4〉에 의하면 달의 가속도의 크기(a)는 달의 속력을 v, 달과 지구 사이의 거리를 r로 하여,

$$a = \frac{v^2}{r}$$ …………… 〈수식 5-9〉

이며, 주기와 속도의 관계식 〈수식 5-3〉,

$$T = \frac{2\pi r}{v}$$

로부터,

$$a = \frac{4\pi r}{T^2}$$ …………… 〈수식 5-10〉

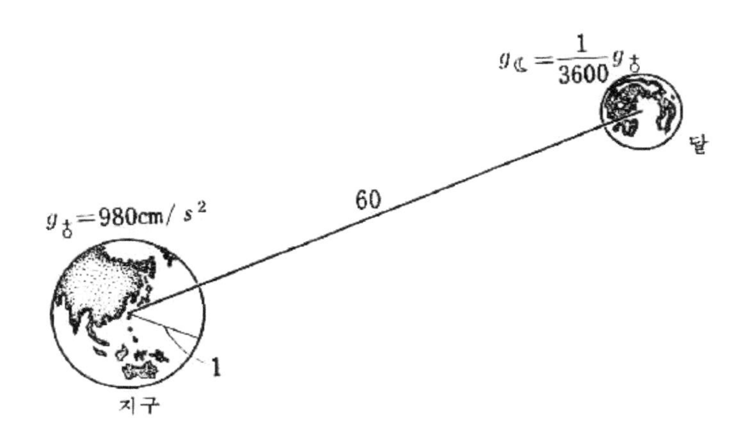

〈그림 42〉 달에 작용하는 지구의 인력

이 되어, 달과 지구 사이의 거리 38만 4400㎞, 달의 주기 27.32일을 넣으면, 달의 가속도의 크기는 0.272㎝/(초)^{2}로 구해진다.

이 달의 가속도 크기는, 지상에서의 낙하운동의 가속도 크기 980㎝/(초)^{2}에 비교하면, 약 1:3,600이다. 만약 달에 가속도를 발생하는 힘이 지상 물체에 가속도를 주는 힘 과 같은 것이고, 모두 만유인력이라면, 이 비례는 각각 지구로부터의 거리의 제곱의 역비가 돼 있을 것이다. 실제로 달과 지구 사이의 거리는, 지상의 물체와 지구 사이의 거리, 즉 지구의 반지름(R)의 약 60배이므로, 이들의 제곱의 역비 $\frac{1}{r^2}=\frac{1}{R^2}$ 또한 약 1:3,600이다(그림 42).

또 지상에서의 낙하운동에 대해서는 그 운동거리가 지구의 반지름에 비교하여 지극히 작으므로 물체와 지구의 거리는 지구의 반지름과 같다고 볼 수 있고, 중력가속도의 크기, 높이에 의한 변화는 무시해도 상관없다.

즉 갈릴레오에 의한 낙하운동의 법칙이 유도된다.

따라서 중력가속도의 크기(g)는 〈수식 5-2〉에 의하여 다음과 같이 표시된다.

$$g = G\frac{M}{R^2} \text{ : 일정} \quad \cdots\cdots\cdots\cdots\cdots \quad \langle\text{수식 5-11}\rangle$$

여기서 G는 만유인력 상수, M, R은 각각 지구의 질량, 반지름이다.

하기는 지구는 완전한 구가 아니며, 6장에서 말하듯이 자전 때문에 아주 약간 남북으로 편평하게 돼 있으므로, 적도에서의 중력가속도는, 극에서의 중력가속도보다 작다. 그러므로 같은 물체라도 무게는 재는 장소에 따라 달라지는 것이다.

이렇게 해서 우리는, 만유인력의 가설에 기초를 두고, 행성운동에 관한 케플러의 법칙과 갈릴레오의 낙하운동의 법칙을 통일적으로 설명할 수 있었다.

또 논의를 모두 가속도에 대해서만 하고 힘에 대해서 하지 않은 것은 만유인력이 그것이 작용하는 물체의 질량에 비례하기 때문에, 같은 질량에 작용하는 힘을 비교하려면 오히려 가속도에 대해 논의하는 편이 편리하기 때문이다. 힘을 알고 싶으면, 이 가속도에 질량을 곱하기만 하면 된다.

혜성의 궤도, 조석의 간만

이상 말한 것처럼, 우리는 케플러의 법칙으로부터 만유인력의 가설을 유도할 수 있었다. 반대로 운동방정식을 써서 만유인력의 작용 아래서 물체가 어떤 운동을 하는가를 구하면, 그것은 초기조건에 의하여 타원, 포물선, 또는 쌍곡선에 따른 운

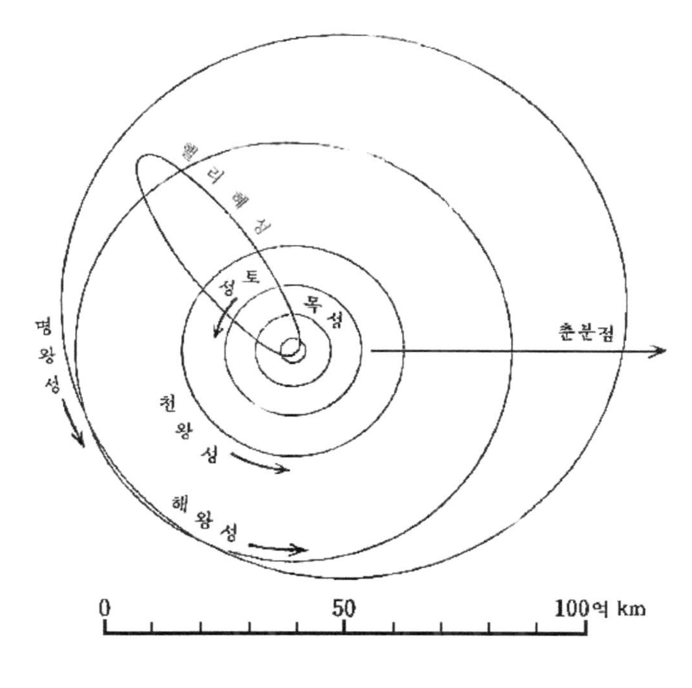

〈그림 43〉 핼리혜성의 궤도

동이라는 것을 안다.

실제 행성이나 달 따위의 위성, 게다가 핼리혜성 등의 주기 혜성은 타원 궤도를 그리지만 비주기적인 혜성은 포물선 궤도나 쌍곡선 궤도를 그리면서 운동하고 있다(그림 43).

또 조석현상(潮汐現象), 즉 조석의 간만도 달이 지구에 미치는 인력에 의하여 설명할 수 있다(그림 44).

지구의 고체인 부분은 전체가 같은 운동을 해야 하기 때문에, 달의 인력에 의한 그 가속도의 크기는 어느 부분에서도 같으며 지구 중심에서의 값과 같다. 그런데 달의 인력에 의한 바

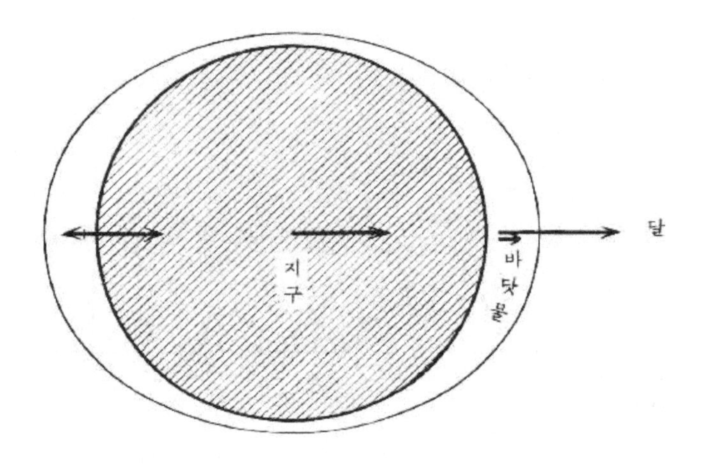

〈그림 44〉 조석은 왜 일어나는가

닷물의 가속도 크기는, 고체인 부분의 가속도 크기와 같지 않아도 된다. 달에 면한 쪽에서는 보다 크고, 반대쪽에서는 보다 작아지게 될 것이다. 바닷물도 물론 고체 부분과 함께 달에 대해서 가속도 운동을 하므로, 바닷물의 가속도로부터 고체 부분의 가속도를 뺀 것이 육지에 대한 바닷물의 가속도가 된다. 따라서 육지에 대해서 바닷물이 갖는 이 가속도는 달에 면한 쪽에서는 달로 향하고, 반대쪽에서는 달과 반대로 향하게 된다. 즉 바닷물은 달에 의하여 그것과 면하는 쪽에서도, 반대쪽에서도 지표로부터 윗쪽으로 향하는 가속도를 받는다. 이 가속도가 지구의 중력에 의해 하향하는 가속도를 조금 상쇄하여 달에 면하는 쪽과 반대쪽에서는 바닷물이 상승하여 밀물이 된다.

밀물인 곳은 지구의 자전과 더불어 이동하며, 한곳에서 하루에 두 번 밀물이 일어나는 것도 잘 알고 있다.

이런 논의는 6장에서 더 일반적으로 다루어질 것이다.

태양 또한 지구에 조석을 일으키지만, 그 작용은 달의 약 절반이다. 그 때문에 초승달이나 보름달일 때에는 달과 태양의 양쪽 작용이 가산되어 대조가 일어나고 상현, 하현의 반달 무렵에는 소조가 된다.

또 조석에 수반하는 조류(潮流)와 육지나 해저와의 마찰은 지구의 자전에 제동을 걸어 하루의 길이가 차츰 길어진다. 그리고 각운동량을 보존하기 위해, 달은 차츰 지구로부터 멀어져간다(4장 마지막 절 참조).

달이 늘 같은 면을 지구로 돌리고 있는 것도, 즉 달의 자전주기가 그 공전주기와 일치하고 있는 것도, 지구의 인력이 달의 자전에 제동을 계속해 걸어오는 결과다.

우주에서의 조석현상

조석의 간만뿐 아니라 만유인력이 거리의 제곱에 반비례하기 때문에 물체의 각 부분에 저마다 다른 세기의 힘을 작용하게 함으로써 생기는 현상을 보통 조석이라고 부른다.

백색왜성은 질량이 태양과 같은 정도인데도 그 반지름은 약 100분의 1, 지구와 같을 정도라고 추정되므로, 그 부근의 중력은 지극히 크며 거리에 의한 변화도 크다. 따라서 그 근처에 가면 머리에 작용하는 힘과 발에 작용하는 힘은 세기가 다르고, 인간은 머리와 발에 반대 방향의 힘이 작용해서 두 손으로 엿가락을 잡아당길 때와 같은 그런 느낌을 느낄 것이다. 게다가 중성자별은 백색왜성과 같은 정도의 질량이지만 반지름은 700분의 1 정도라고 생각되므로, 그 부근에서는 어지간히 작은 것이 아니면 그 형태를 유지할 수 없을 것으로 생각된다(그

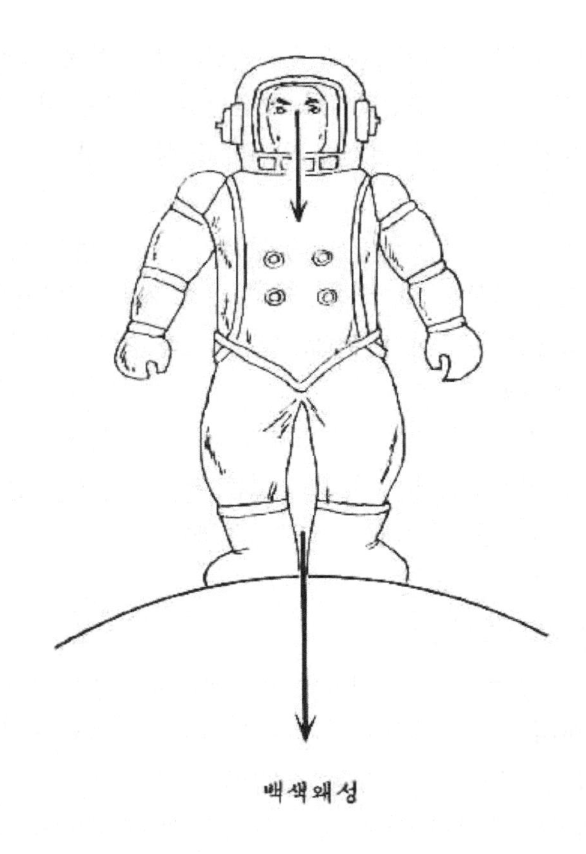

〈그림 45〉 백색왜성의 조석력

림 45).

두 성운(星雲)이 접근했을 때에도, 조석 작용 때문에 그들의 소용돌이 형태에 변화가 생기는 일이 있을지 모른다.

만유인력과 공간의 차원

그런데 만유인력의 크기가 거리의 제곱에 반비례한다는 것은 지극히 자연스런 가정이라고 생각된다.

우선 평면 위의 한 점으로부터 방사상으로 많은 직선을 그리고, 또 그 점을 중심으로 하여 반지름 1:2:3……의 원을 그려보자. 이들 원둘레의 길이의 비례도, 원둘레는 반지름에 비례하므로 1:2:3……라는 것은 물론이다. 방사상의 각 직선은 도중에서 없어지거나 생기거나 하지 않기 때문에, 각 원둘레를 가로지르는 직선의 수는 모두 같다. 따라서 각 원둘레를 따라서 같은 길이의 호(弧), 이를테면 1㎝의 호를 취한다면 이들 호를 가로지르는 직선의 수는, 반대로 1:1/2:1/3……이 될 것이다. 즉 방사상인 직선의 밀도는 중심으로부터의 거리에 반비례해서 감소한다.

마찬가지로 공간의 한 점으로부터 방사상으로 많은 직선을 그리고, 또 그 점을 중심으로 하여 반지름이 1:2:3……의 구면을 그려보자(그림 46). 이들 구면의 면적 비는 구면의 반지름의 제곱에 비례하기 때문에 1:4:9……라는 것은 말할 나위도 없다. 방사상의 각 직선은 도중에서 없어지거나 생기거나 하지 않기 때문에 각 구면을 관통하는 직선의 수는 모두 같다. 따라서 각 구면 위에 같은 면적의 면, 이를테면 1㎠의 면을 취하면, 이들 면을 관통하는 직선의 수는 반대로 1:1/4:1/9……가 된다. 즉 방사상인 직선의 밀도는 중심으로부터의 거리의 제곱에 반비례해서 감소된다.

이와 같이 무엇인가가—그것이 입자의 흐름이든 빛이든—한 점으로부터 방사상으로 퍼져 나가서 도중에서 없어지거나 생기거나 하지 않는다면 그 밀도는 거리의 제곱에 반비례해서 감소되는 것이다.

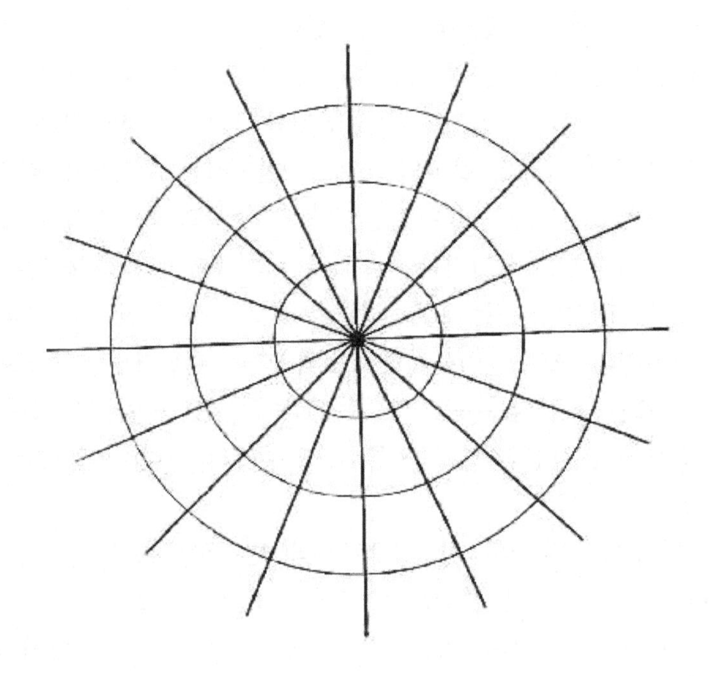

〈그림 46〉 직선의 밀도는 거리에 반비례한다

즉 만유인력이 거리의 제곱에 반비례하는 것은 공간이 3차원이라는 것에 대응하고 있다.

케플러는 행성의 근일점(태양에 가장 가까운 점)과 원일점(태양에서 가장 먼 점)에 있어서의 속도가 태양으로부터의 거리에 반비례하고 있으므로, 태양이 행성에 미치는 힘은 거리에 반비례하고 있는 것이 아닐까 하고 생각한 것 같다. 이런 가정은 힘이 태양과 행성을 포함하는 평면 내에만 퍼지고, 작용시킬 상대가 없는 공간으로 헛되이 퍼지지 않는 것이라면 납득이 갈지 모른다.

만약 공간의 한 점으로부터 등방적으로 방사된 무엇인가가 거리의 세제곱에 반비례해서 감소하는 일이 일어난다면, 즉 거리가 2배가 되면 1/8로, 3배가 되면 1/27이 되는 일이 일어난다면, 그것은 어떤 원인에 의하여, 이를테면 매질(媒質)에 흡수되거나 하여 도중에서 감소하는 것이 아닐까 하고 우선 생각해 보아야 할 것이다. 또 더 근본적으로는 공간이 4차원이라는 것을 시사하고 있을지도 모른다고 생각해 보아야 할 것이다.

비물리적, 수학적인 만유인력

또 만유인력은 물체가 존재하고 질량이 있기만 하면 반드시 작용하는 힘이며, 그 크기는 서로 끌어당기는 두 물체의 질량의 각각에, 따라서 두 물체의 질량을 곱한 것에 비례하고 있다. 바꿔 말하면 만유인력에 의해 생기는 물체의 가속도는 그 물체의 질량에 의존하지 않는다. 이것은 이미 지적한 것처럼 만유인력만이 갖는 지극히 특이한 성질이다. 일반적으로는 물체와 그것에 작용하는 힘은 전혀 독립적인 존재이므로, 물체의 질량 여하에 불구하고 어떠한 크기의 힘이라도 작용할 수 있고, 따라서 어떠한 크기의 가속도라도 줄 수가 있다.

또 만유인력의 작용은 아무것에도 매개되지 않고, 진공 속에서도 무한대의 속도로 진행한다. 이러한 작용을 직달작용(直達作用) 또는 원격작용(遠隔作用)이라고 한다. 작용을 전달하는 매개물을 필요로 하지 않고 전달되는 속도도 무한대라는 것은 비물리적, 수학적이며 무엇인가 실과 같은 또는 미세한 입자, 희박한 유체 같은 힘의 작용을 전달하는 매질이 있고, 전달되는 속도도 유한한 편이 물리적이 아닐까?

뉴턴 자신과 하위헌스도 이 만유인력의 물리적인 원인을 발견하려고 힘썼다.

중력장

그런데 이렇게 생각해 보면 어떨까? 이를테면 지구가 있다면 그 주위의 공간도 지구가 없을 때와는 달라져서 무엇인가, 일종의 일그러짐 같은 것을 가지고 있다. 그리고 거기에 달이나 사과가 오면 힘이 작용한다. 즉 지구 주위의 공간에는 힘이 잠재해 있어, 거기에 물체가 나타나면 힘이 현재화(顯在化)하는 것이라고 생각한다. 이렇게 힘이 잠재화돼 있는 공간을 힘의 장(場)이라고 부른다. 지구 주위의 공간에는 중력장(重力場)이 존재하는 것이다.

실제 만유인력의 작용에 관해 논할 때 필요한 것은 힘의 근원이 어떤 물체냐가 아니라 그 주위의 장이 어떻게 돼 있느냐다. 달이나 사과의 운동을 논하려면 지구 주위의 중력장이 알려져 있으면 되는 것이며, 중력장마저 같다면 그 근원은 지구든, 다른 것이든 달이나 사과의 운동에는 아무 관계도 없다.

이상의 고찰로는 아직 힘의 장이 힘의 근원으로부터 독립된 것이라고는 할 수 없으나, 힘의 장이 힘의 근원에 의하지 않는 독자성을 가졌다는 것도 알 수 있다.

그러면 힘의 장을 그림으로 나타내려면 어떻게 하면 될까?

지금 지구 주위의 공간에 질량이 작은 물체를 가져왔다고 하자. 이것을 여러 가지 위치에 두었을 때, 그것에 작용하는 중력의 방향을 나타내면 〈그림 47〉과 같이 지구 표면에 수직인 중심을 향하는 많은 직선이 될 것이다. 물론 정확하게는 이것이

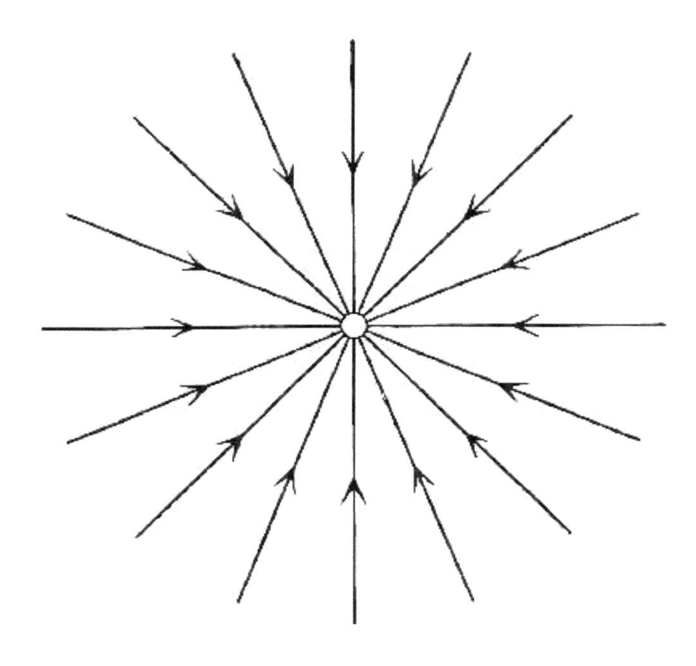

〈그림 47〉 만유인력의 장

입체적으로 그려져야 한다. 또 이들 직선을 등방적으로, 어느 방향으로도 균일하게 그리면, 직선의 밀도는 지구로부터의 거리의 제곱에 반비례하고 따라서 힘의 크기에 비례한다.

일반적으로 만유인력의 장은 그 밀도가 힘의 크기에 비례 하고, 그 방향이 힘의 방향을 가리키는 방위를 표시하는 곡선으로 나타낼 수 있다. 이것을 만유인력의 장의 역선(力線)이라고 부른다.

장의 개념은 우리 동양인에게 있어서는 지극히 자연스러운 것처럼 생각된다. 동양 문화는 장의 문화라고 하여도 될 것이다. 동양화에서 볼 수 있는 중앙에 위치한 큰 나무 주위의 공간이나, 또는 마주 보는 두 사람 사이의 공간에는 무엇인가 긴장에 찬 힘의 장이라고 할 만한 것이 느껴진다.

장의 이론은 『물리학의 재발견(하)』에서 다루겠다. 이 장에서는 그저 그 실마리를 제시한 데에 지나지 않는다.

6. 상대운동

—힘은 공간의 운동으로 귀착되는가

태양도 은하계도 운동하고 있다

이런 경험을 하는 일이 있다. 자기가 타고 있는 차가 평행으로 달리고 있는 다른 차를 따라붙고 이윽고 같은 속도가 되면, 마치 자기도 상대도 움직이지 않는 것처럼 느껴진다. 그러다가 상대방 차가 서서히 자기 차 곁을 떨어져간다.

우리는 보통 지구를 기준으로 하여 운동을 생각하는데, 이것과 같은 경우에는 지구에 대한 운동보다 자기 차에 대한 운동이 직접 우리의 감각에 호소한다.

지구도 정지해 있는 것은 아니다. 운동을 하고 있다. 지구는 팽이처럼 자전하면서 태양 주위를 공전하고 있다. 그러나 우리의 소박한 경험은, 별이 떠 있는 하늘이나 태양이 회전하는 것이지 지구가 움직이고 있다고 느낀 적은 전혀 없다고 해도 된다. 대체 지구의 운동은 어떻게 하여 증명될까?

게다가 태양도 여러 행성을 거느리고, 은하계를 2억 5000만년의 주기로 돌고 있다. 또 그 은하계도 다른 성운과 마찬가지로 굉장한 속도로 서로 멀어지고 있다.

그렇다면 대체 그것이 운동을 하지 않고 있다, 정지해 있다고 할 만한 무엇이 있을까? 전 우주의 질량의 중심(重心)은 정지해 있는 것이라고 생각해도 되는 것일까?

절대부동의 것은 존재하는가

여기서 아까 3장에서 말한 절대공간이라는 개념을 상기하자. 절대공간이란 그 본성으로서 다른 무엇과도 관계없이 늘 동일하며, 움직이지 않는 것이다. 즉 절대공간이란 것은 다른 것이 어떻게 운동하건, 항상 정지해 있는 공간이다.

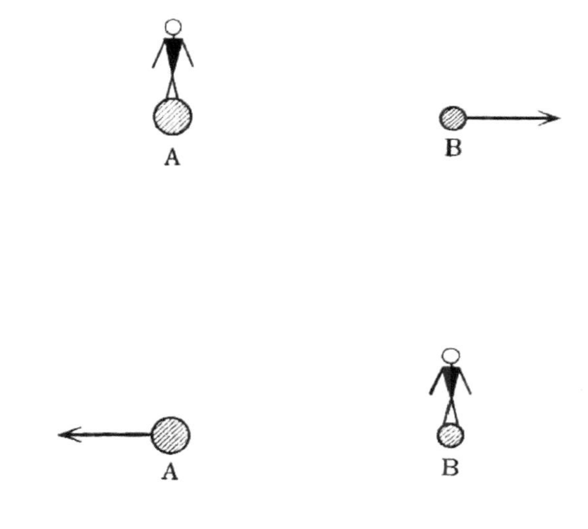

〈그림 48〉 운동의 상대성

그렇다면 절대공간은 어떻게 하여 그 존재가 인식될까? 그것은 절대공간에 대한 운동, 즉 절대운동의 존재를 증명하는 것에 의할 것이다.

〈그림 48〉처럼 지금 절대공간에서 정지해 있는 물체 A를 생각해 보자. 다른 물체인 B, C……의 물체 A에 대한 운동은 절대운동이다. 따라서 물체 B, C는 물체 A에서 볼 때 운동하고 있어도, 물체 A는 물체 B, C……에서 볼 때 정지한 그대로여야 한다. 이렇게 다른 어떤 것으로부터 보더라도 부동한 것이 존재한다면, 그것의 정지해 있는 공간이 절대 공간이다.

그러나 보통 물체 B가 물체 A에 대해 운동하고 있다면, 그것은 또한 물체 B에 대해서 물체 A가 운동하고 있는 것도 된다. 운동이란 것은 모두 상대적인 것이 아닐까? 로켓이 우주진과 만날 때 우주진이 로켓에 대해 운동하고 있다고 해도 되고, 로켓이 우주진에 대해 운동하고 있다고 해도 된다. 사람이 길을 거닐 때 인간은 지구에 대해 운동하고 있는 것이며, 이것은 또 지구가 인간에게 대해 반대 방향으로 운동하고 있다고도 볼 수 있다. 다만 평소에는 지구가 정지해 있고, 인간이 운동하고 있다고 하여 다루는 것이 편리할 뿐이다.

이렇게 다른 무엇으로부터 보더라도 부동한 것은, 원리적으로 관측될 수가 없다. 그리고 관측이 불가능한 것은, 물리학의 대상으로서 다룰 것이 아니다. 우리는 절대공간의 존재를 부정해야 한다.

그리고 뉴턴역학에는 사실 이 공간의 상대성, 운동의 상대성이 이미 조립되어 있다. 6장에서 우리는 뉴턴역학에 있어서의 상대운동에 대해 고찰하기로 하자. 이것은 『물리학의 재발견(하)』에서 말하게 될 아인슈타인의 상대성이론으로 이어진다.

자를 가진 관측자—좌표계

그런데 방 안에서 물체의 위치를 정확하게 지정하려면 어떻게 하면 될까? 서로 상접하는 두 벽으로부터의 거리와, 마루로부터의 높이를 주면 된다. 이것이 좌표다.

좀 더 엄밀하게 설명하자.

공간에 물체의 위치를 지정하는 기준으로서 한 점(O)에서 직교하고 있는 3개의 자, OX, OY, OZ를 도입하고 이것을 좌표계라고 한다. O를 원점, OX, OY, OZ를 좌표축이라고 한다. 그때 공간의 점의 위치는 원점(O)으로부터 x, y, z 방향으로 얼마만 한 거리에 있느냐에 따라 표시되며, 이들의 값(x, y, z)

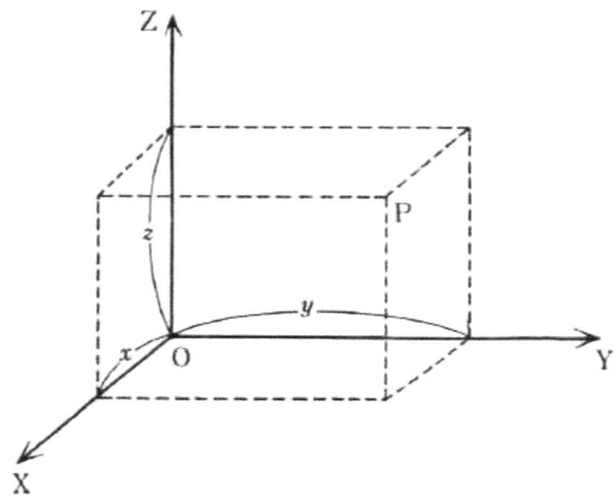

〈그림 49〉 좌표계와 방 안의 물체 위치

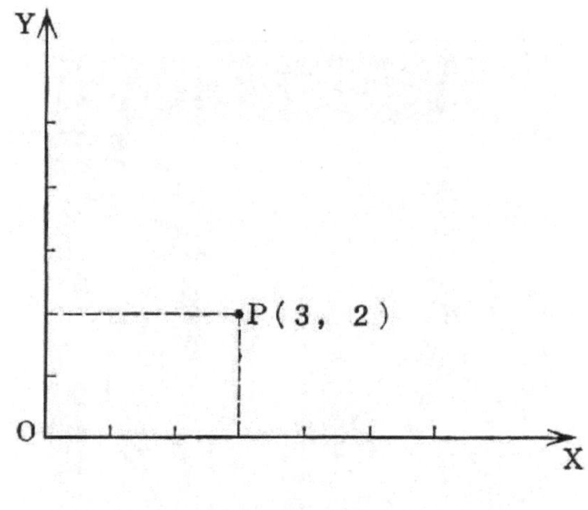

〈그림 50〉 2차원 평면의 좌표계

을 그 점의 좌표라고 한다(그림 49).

평면 XOY가 마루에, 평면 YOZ, ZOX가 상접하는 두 벽에 대응한다는 것은 물론이다.

알기 쉽게 2차원 평면으로 예를 보이겠다. 〈그림 50〉에서 P점의 위치는 좌표계 O-XY에 관해 좌표 (3, 2)가 주어진다.

좌표계를 취한다는 것은 물리적으로는 거기에 관측자가 있다는 것을 뜻한다. 관측자는 좌표축이라는 자 외에 시계를 가졌다고 생각하자.

등속도 운동을 하고 있는 공간

지금 한 공간에서, 뉴턴의 운동 원리가 성립한다고 가정하자. 그리고 이 공간에 좌표계 O-XYZ를 취한다. 이 좌표계에 관해 뉴턴의 운동방정식이 성립되고, 특히 힘이 작용하지 않으면 물체는 등속도 운동을 하는 것이다(그림 51).

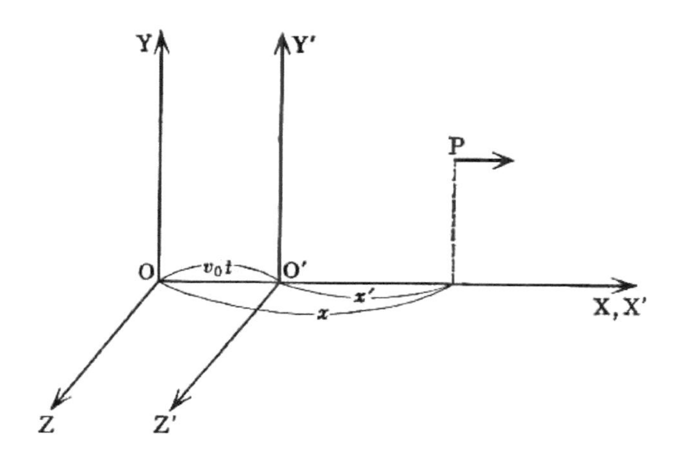

〈그림 51〉 서로 등속도로 운동하고 있는 두 좌표계

다음으로 좌표계 O-XYZ에 대해서 등속도 운동을 하고 있는 좌표계 O′-X′Y′Z′를 취한다. 즉 이전의 공간에 대해서, 등속도 운동을 하고 있는 또 하나의 공간을 생각한다. 뉴턴의 운동원리는 이 공간에서도 역시 성립될까?

간단하게 O′계는 O계에 대해서 x 방향으로 운동하고 있다고 하고, 각 좌표계를 각각 평행으로, 특히 X′축과 X축을 동일 직선 위에 선택한다.

그리고 원점 O′가 원점 O에 겹쳐진 순간을 시간의 원점으로 선택하기로 한다. 즉 두 좌표계의 관측자는 그들의 시곗바늘을 그때 함께 O에 맞추는 셈이다.

또 이 O′계의 O계에 대한 운동은 반대 방향의 속도로 O계가 O′계에 대해 운동하고 있다고 보아도 된다는 것은 말할 것도 없다.

먼저 O계, O′계의 두 관측자가 각각 같은 물체의 속도를 잿다면 그들 값 사이에는 어떤 관계가 있는지 살펴보자.

이를테면 도로를 달리고 있는 자동차의 속도를 정지해 있는 사람이 잰 값과, 자전거를 타고 자동차와 평행으로 달리고 있는 사람이 잰 값에서는 자전거의 도로에 대한 속도만큼 차이가 있을 것이다.

즉 물체(P)가 X 방향으로, 따라서 x′ 방향으로 운동하고 있다면 O′계의 O계에 관한 속도를 v_0로 하면, 물체(P)의 O계에 대한 속도(v)와 O′계에 관한 속도(v′) 간에는 다음 관계가 성립된다.

$$v' = v - v_0 \qquad \cdots\cdots\cdots\cdots\cdots \quad \langle 수식\ 6\text{-}1 \rangle$$

6장 머리에서 말한 평행하여 달리는 차 이야기도, 만약 자기 차가 등속도(v_0)로 달리고 있다면, 이 차가 O′계고, 상대 차(P)의 자기에 대한 속도(v′)를 재고 있는 것이 된다. 물론 O계는 지구이다.

특별한 경우로서 만약 물체(P)가 O계에서 등속도 운동을 하고 있다면, 그것은 O′계라도 등속도 운동을 하고 있다는 것이 된다. 즉 〈수식 6-1〉에 있어서 v_0는 일정하므로 만약 v가 일정하다면 v′도 일정하게 된다.

상대량과 절대량

다음에는 두 관측자가 측정한 좌표 간의 관계를 구해보자.

지금 물체(P)의 O계에 관한 좌표가 (x, y, z), O′계에 관한 좌표가 (x′, y′, z′)였다고 하자. O′와 O는 x 방향으로, 따라서 x′ 방향으로 떨어져 있고, 그 거리는 등속도 운동이므로

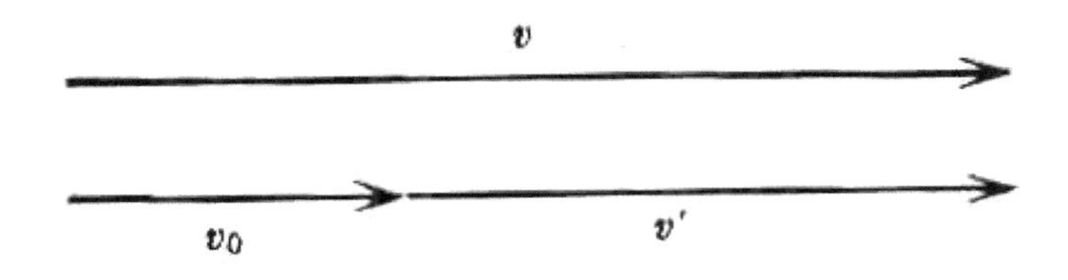

〈그림 52〉 속도의 상대적인 관계

O′의 O에 대한 속도와 O′가 O에 겹쳐진 뒤 측정 시까지의 시간—이것은 곧 좌표를 측정한 시간이지만—을 곱한 값(v_0t)과 똑같다. 따라서 x좌표에 대해서는

$$x' = x - v_0t \quad \cdots\cdots\cdots\cdots\cdots \quad \text{〈수식 6-2〉}$$

가 성립된다. 〈그림 52〉를 참조하기 바란다. y, z좌표에 대해서 좌표계는 이들 방향으로 움직이고 있지 않으므로,

$$y' = y,\ z' = z \quad \cdots\cdots\cdots\cdots\cdots \quad \text{〈수식 6-2′〉}$$

라는 것은 말할 나위도 없다.

또 가속도에 대해 살펴보자.

물체(P)가 O계에서 x 방향으로 가속도를 가졌고 어떤 시간 내에 그 속도가 v_1으로부터 v_2로 변화했다고 하자. 그때 〈수식 6-1〉에 따르면 O′계에서 측정한 속도도 같은 시간 내에 $v'_1 = v_1 - v_0$로부터 $v'_2 = v_2 - v_0$로 변화한다. 따라서 O′계에 있어서의 속도 변화($v'_2 - v'_1$)는, v_0가 상쇄되어 O계에 있어서의 속도 변화($v_2 - v_1$)와 같다는 것을 안다. 같은 시간 내의 속도 변화가 같다는 것은 곧 가속도가 같다는 것이다. 즉 물체(P)의 O계, O′계에 관한 가속도를 각각 a, a′로 하면,

$$a' = a \quad \cdots\cdots\cdots\cdots\cdots \quad \langle\text{수식 6-3}\rangle$$

가 성립된다.

그러면 가속도 외에 운동방정식에 나타나는 물리량, 질량이나 힘에 대해서는 어떨까? 물질의 양 또는 관성의 크기가 관측자의 운동 상태에 따라 바뀐다고는 생각하기 어렵다. 힘의 작용 또한 관측자의 운동 상태에 따라 바뀌지 않는다고 생각해도 될 것 같다. 실제 뉴턴역학에서는 질량도 힘도 상대적인 양, 상대량이 아니고 절대적인 양, 절대량이라는 것이 전제가 되고 있다.

그리고 이것은 나중에 『물리학의 재발견(하)』에서 언급하겠지만 뉴턴역학이 공간의 상대성, 따라서 운동의 상대성을 인정하면서 시간에 대해서는 그 절대성을 깨뜨리지 않았다는 것과 관련돼 있다.

갈릴레오 변환

그런데 아까 제출했던 문제로 돌아가자. 가정에 따라 O계에서는 뉴턴의 운동방정식이 성립돼 있다. 즉

$$ma = f \quad \cdots\cdots\cdots\cdots\cdots \quad \langle\text{수식 6-4}\rangle$$

이다. 그리고 이미 살펴보았듯이 O′계에서의 가속도(a′)는, O계에서의 가속도(a)와 같고, 또 질량이나 힘은 좌표계의 운동 상태에 의존하지 않는다. 따라서

$$ma' = f \quad \cdots\cdots\cdots\cdots\cdots \quad \langle\text{수식 6-5}\rangle$$

이다. 즉 O′계에서도, 뉴턴의 운동방정식은 성립돼 있다.

이렇게 해서 서로가 등속도로 운동하고 있는 두 공간, 두 좌표계의 한쪽에서 뉴턴의 운동 원리가 성립되고 있다면, 다른 쪽에서도 이것이 성립된다.

뉴턴의 운동 원리가 성립되는 좌표계는, 관성계(慣性系) 또는 타성계(惰性系)라고 불린다. 즉 관성계란 거기서는 힘의 작용을 받지 않는 한, 물체가 등속도 운동을 하는 좌표계다. 만약 관성계가 하나라도 존재하면 이것에 대해 등속도 운동을 하고 있는 좌표계는, 모두 관성계이기 때문에 관성계는 무한히 많이 존재하게 된다.

한 관성계에 있어서의 기술(記述)로부터 다른 관성계에 있어서의 기술로 옮아가는 것을, 갈릴레오 변환(變換)이라고 한다. 그리고 이것은 두 관성계에 있어서 좌표 간의 관계 〈수식 6-2〉, 게다가 속도나 가속도 간의 관계 〈수식 6-1〉, 〈수식 6-3〉에 의하여 나타내진다.

위에서 증명한 것처럼 뉴턴의 운동방정식은 모든 관성계에서 성립되고 있다. 이것은 다음과 같이도 표현된다. 「뉴턴의 운동 방정식은, 갈릴레오 변환에 관해서 불변하다.」

관성계의 운동

이렇게 어느 관성계에 있어서도 뉴턴의 운동 원리가 성립되고 있다. 즉 거기서 일어나는 운동이 모두 운동의 원리를 따르고 있다는 것은, 운동을 관찰하고 있는 한 어떤 관성계를 다른 관성계로부터 구별할 수 없다는 것을 뜻한다. 관성계는 그중의 어느 것이 다른 것과 비교하여, 보다 기본적이라는 개념이 없고 모두 동등한 자격을 지니고 있다.

〈그림 53〉 갈릴레오가 있었던 파드바의 대학

즉 서로 등속도로 운동하고 있는 공간은 운동의 원리에 관해서 동등하다. 이러한 속도에 대한 동등성을 상대성(相對性)이라고 부른다면 공간은 운동의 원리에 관해서 상대적이다.

어떤 관성계가 운동하고 있는지에 대한 문제도 다른 관성계와 비교하여 비로소 뜻을 갖게 되며, 그 관성계에서 일어나는 운동을 관찰하고 있는 한 이것은 문제도 되지 않고, 판정할 수도 없다.

지구 표면에 있는 우리는 짧은 시간을 취하면 관성계에 대해 등속도 운동을 하고 있다고 생각해도 된다. 그러나 우리는 이 운동을 느끼거나 식별할 수는 없다. 다른 천체에 결부된 좌표계를 생각함으로써 비로소 그들과의 상대적인 운동이 문제 가 된다.

특히 운동의 제1원리, 즉 관성의 원리에 대해 생각하면 힘이 작용하지 않을 때 물체가 등속도 운동을 하는 것은, 어느 관성계라도 그렇지만 그 속도의 크기는 좌표계마다 달라진다. 그리고 우연히 어떤 좌표계에서는 속도가 제로가 되어 물체가 계속 정지하게 된다. 즉 관성의 원리는 갈릴레오 변환을 생각함으로써, 정지 상태로부터 등속도 운동으로 일반화되는 것이다. 이것은 포물체의 운동과 관련하여 2장 마지막 부분에서 언급한 적이 있다.

갈릴레오는 관성의 원리와 태양중심설로 각각 별도로 도달한 것이 아니라, 운동의 상대성을 파악함으로써 이것을 단번에 통찰했던 것이다.

또 갈릴레오 변환은 공간의 상대성, 따라서 운동의 상대성을 전제로 하고 또 그것을 표현한 것이지만 어느 좌표계에도, 어느 관측자에게도 공통의 시간이 흐르고 있다는 것, 즉 절대시간의 존재를 전제로 하고 있다는 것을 다시 한 번 일깨워 둔다. 이 문제는 나중에 『물리학의 재발견(하)』에서 논의하겠다.

또 이 공간의 상대성은 비교해야 할 공간의 대응 부분이 서로 동질인 것을 전제로 한다. 그리고 대응하는 부분은 시간과 더불어 영원히 이동해 가기 때문에, 모든 공간은 전체에 걸쳐 균질하며, 무한히 퍼지고 또 서로 동질인 것을 전제로 하게 된다.

가속도계와 관성력

이번에는 관성계에 대해, 가속도를 갖는 좌표계에 대해 고찰해 보자. 이를테면 전동차를 타고 있다가 발차할 때, 정거할 때에 어떤 상태에 있는가를 생각하면 된다.

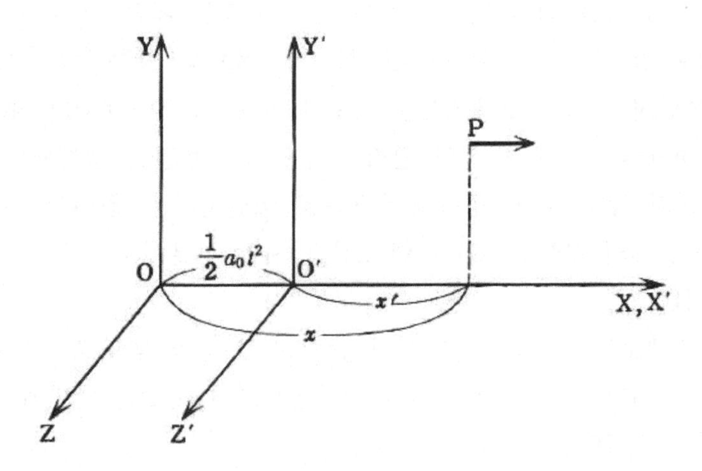

〈그림 54〉 관성에 대해 가속도를 가진 좌표계

지금 좌표계 O′-X′Y′Z′가 좌표계 O-XYZ에 대해 x 방향으로 등가속도 운동을 하고 있다고 하자. 간단하게 하기 위해 시간 제로에서 원점 O와 O′가 겹치고, 또 그때 두 상대속도도 제로라고 하자.

임의의 시간에 있어서 O′와 O 간의 거리는 1장에서 낙하운동의 경우에 대해 계산한 것처럼 가속도의 크기(a_0)에 원점이 겹쳐진 뒤의 시간(t)의 제곱을 한 것의 절반과 같다. 따라서 x 좌표에 대해서는,

$$x' = x - \frac{1}{2}a_0t^2 \quad \cdots\cdots\cdots\cdots\cdots \quad \langle 수식\ 6\text{-}6 \rangle$$

이라는 관계가 성립된다. y, z좌표에 관해서는 y′=y, z′=z라는 것은 말할 나위도 없다.

또 이것도 1장에서 계산했듯이, 임의의 시간에 있어서 O′계

의 O계에 대한 속도는, 가속도(a_0)에 시간(t)을 곱한 것과 같으므로, 물체의 O계에서 잰 속도를 v, O′계에서 잰 속도를 v′로 하면,

$$v' = v - a_0t \quad \cdots\cdots\cdots\cdots\cdots \quad \langle 수식\ 6\text{-}7 \rangle$$

가 된다. 또 가속도에 대해서는 물체의 O계, O′계에 관한 가속도를 각각 a, a′로 하면,

$$a' = a - a_0 \quad \cdots\cdots\cdots\cdots\cdots \quad \langle 수식\ 6\text{-}8 \rangle$$

이라는 관계가 성립된다는 것이 분명하다.

질량(m)이나 힘(f)은 이미 말한 대로 절대량이라고 생각해 두자.

그래서 O계가 관성계라면, 거기서는 뉴턴의 운동방정식 〈수식 6-4〉 ma=f가 성립된다. 그러나 O′계에서는 〈수식 6-8〉의 양변에 m을 곱하고 〈수식 6-4〉를 대입하면 알 수 있듯이,

$$ma' = f - ma_0 \quad \cdots\cdots\cdots\cdots\cdots \quad \langle 수식\ 6\text{-}9 \rangle$$

가 될 것이다. 즉 O′계에서 뉴턴의 운동방정식은, 그대로의 형태로는 성립되지 않고 ($-ma_0$)라는 양을 부가해서 비로소 그 계의 운동을 기술할 수 있다.

일반적으로 관성계에 대해 가속도 운동을 하고 있는 좌표계에 있어서는, 그 가속도 운동에 유래하는 부가적인 힘이 작용하게 된다. 이런 힘은 관성력(慣性力)이라고 불린다.

운동은 완전히 상대적인 것이지만, 관성력을 고려하지 않아도 되게, 가급적 관성계에 가까운 좌표계를 선택하는 편이 편리할 것이다. 지구보다 태양을 기준으로 채용하는 것은 그 때

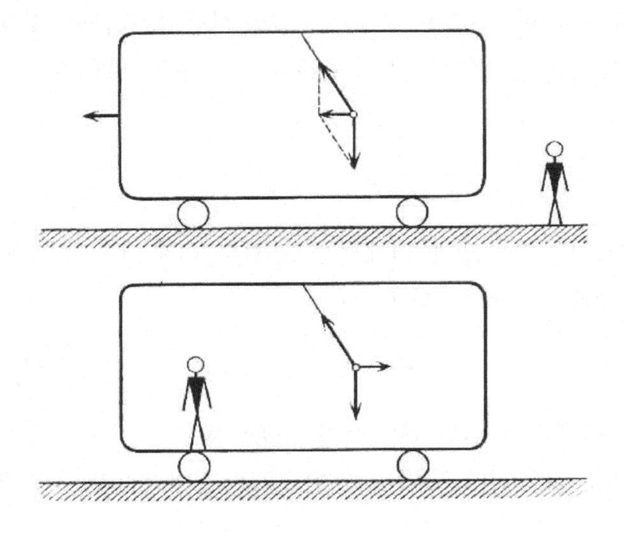

〈그림 55〉 전동차의 가속도 연동

문이다.

지상의 관측자, 차 속의 관측자

이런 예를 생각해 보자. 전동차가 출발할 때, 전동차는 지구에 대해 가속도를 가진다. 이때 손잡이가 진행 방향과 반대로 기울어진 것을 볼 것이다. 지구를 일단 관성계라고 본다면, 지구 위에 정지해 있는 사람과 전동차에 타고 있는 사람은 O계와 O′계에 대응하는데, 이 같은 현상을 각각 다음과 같이 관측하고 설명할 것이다(그림 55).

지상의 관측자에 따르면 손잡이(가죽)에 작용하는 힘은 중력과 가죽의 장력(張力)으로서 이것들을 합성한 힘이 손잡이에 전동차와 같은 가속도를 준다.

한편 차 속의 관측자에 따르면, 손잡이에는 중력과 장력 외에 또 하나의 힘이 작용하고 있고, 손잡이는 기울어진 위치에서 평형을 유지하고 있다.

차 속의 관측자가 말하는 제3의 힘이란 분명히 지상의 관측자가 말하는 손잡이에 가속도를 주는 힘과 크기가 같고 방향은 반대로 돼 있다.

실제로 자주 경험하듯이, 전동차가 출발할 때 차 속의 사람은 뒤 방향으로의 힘을 느낀다. 이것이 관성력이며 전동차라는 가속도계에서는 작용하지만, 관성계로 본 지상에서는 존재하지 않는 것이다.

우주여행의 무드를 맛보다

다른 예로서 이번에는 엘리베이터를 생각해 보자. 엘리베이터 속에서 관측자가 물체의 무게를 용수철저울로 달고, 그것을 지상의 관측자가 보고 있다고 하자.

먼저 엘리베이터가 등속도로 상승 또는 하강하고 있을 때 물체의 무게는 정지해 있을 때와 변화가 없다. 따라서 지상의 관측자에게서 보면 물체에 작용하는 중력은 물체의 속도에 의존하지 않는다는 것을 안다.

엘리베이터가 가속도를 갖고 하강하고 있을 때는 물체의 무게가 감소된다. 그리고 엘리베이터의 가속도가 중력의 가속도와 같아지면, 즉 엘리베이터가 자유로이 낙하하면 물체의 무게는 제로가 된다. 지상의 관측자에게 이것은, 1장의 설명으로서도 분명할 것이다. 무거운 물체와 가벼운 물체를 결합하여 떨어뜨려도, 이것들이 서로 끌어당기는 일이 없는 것처럼, 용수철저울과 물체도 서로 끌어당기는 일 없이 같은 가속도로 떨어지기 때문이다.

반대로 엘리베이터가 가속도를 가지고 상승할 때는, 물체의 무게가 증대한다는 것은 말할 나위도 없다.

엘리베이터 속의 관측자는 지상 관측자와 용수철저울의 같은 눈금을 읽어도 엘리베이터의 가속도와 반대 방향으로의 관성력이 작용하고 있다고 하여, 이것을 설명할 것이 틀림없다.

이번에는 엘리베이터에 흔들이를 싣고 그 주기를 측정하자.

엘리베이터가 하강하기 시작하면 흔들이의 주기가 길어지고, 일정한 속도가 되면 다시 본래의 주기로 돌아온다. 엘리베이터, 즉 흔들이가 중력의 가속도와 같은 가속도, 즉 자유로이 낙하하면 흔들이는 진동을 멈추고 주기는 무한대가 된다.

반대로 엘리베이터가 상승할 때는 그 속도가 늘어나는 동안 흔들이의 주기가 짧아지고, 상승 속도가 일정해지면 본래의 주기로 돌아온다.

엘리베이터 속의 관측자는 이 현상을 중력이 약해졌다가 다시 세졌다고 생각할 것이다. 왜냐하면 4장 〈수식 4-10〉에서 설명한 것처럼, 흔들이의 주기는 중력의 가속도 크기의 제곱근에 반비례하고 있기 때문이다.

잘 알려진 바와 같이 달의 중력의 크기는 지구의 약 1/6이므로, 달 표면에서 물체의 무게는 지구에서의 약 1/6이 되어 흔들이의 주기도 6의 제곱근배, 약 2.45배로 길어진다.

그리고 이 현상은 엘리베이터가 가속도를 가지고 하강하고 있을 때에 일어나는 현상과 똑같다.

그러므로 우리가 달 표면에 내려섰을 때의 기분은, 엘리베이

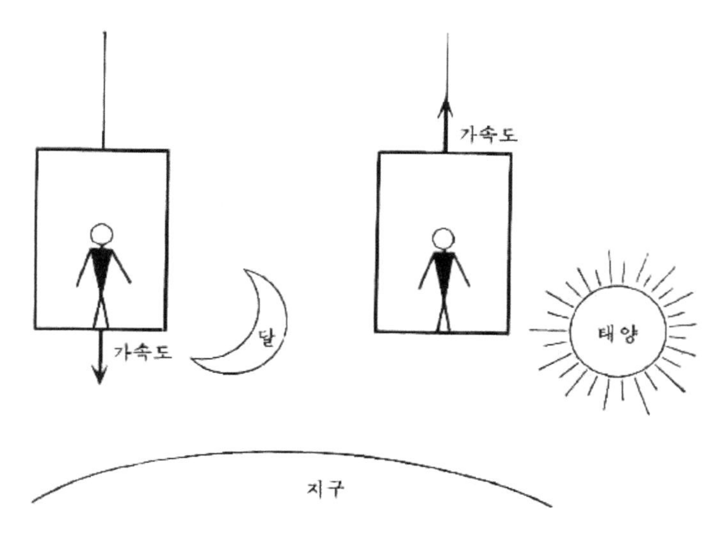

〈그림 56〉 엘리베이터로 우주여행의 무드를 맛보다

터가 하강을 시작했을 때의 기분과 같을 것이며, 발밑이 내려앉는 것처럼 느낄 것이다. 또 만약 우리가 태양 표면에 갈 수 있다고 하면, 아까와는 반대로 엘리베이터가 상승하기 시작했을 때와 같은 기분이 될 것이며, 발밑이 솟아오르는 것처럼 느낄 것이다. 엘리베이터로 우주여행의 무드를 맛볼 수 있는 셈이다(그림 56).

5장에서 말한 조석도 마찬가지로 지구에 대한 바닷물의 가속도에 의하여 설명됐다.

중력은 가속도 운동에 귀착되는가

이쯤 고찰하면 이런 아이디어가 떠오르지는 않을까? 모든 힘, 특히 중력을 관성계에 대한 가속도 운동에다 귀착시킬 수

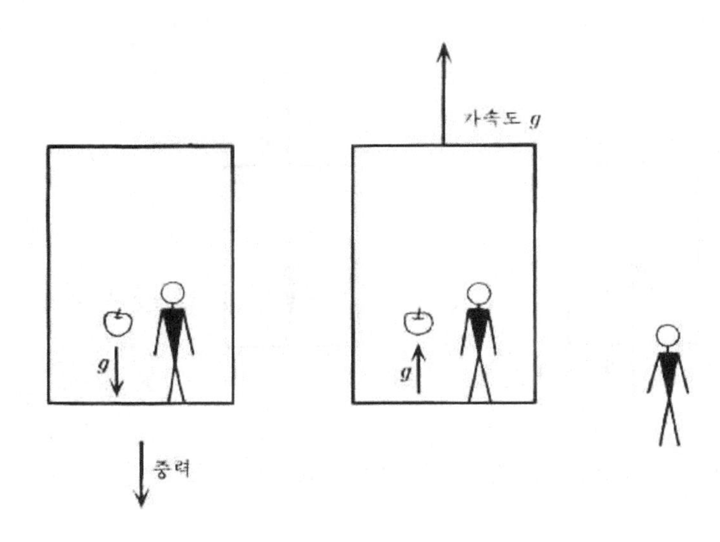

〈그림 57〉 중력은 공간의 가속도 운동에 귀착되는가

는 없을까?

지금 관성계라고 간주되는 중력이 작용하고 있지 않은 공간을, 엘리베이터가 중력가속도의 크기와 같은 가속도로 한 방향으로 운동하고 있다고 하자.

공간에 정지해 있는 관측자에게는 엘리베이터 속의 물체는 손을 놓아도 정지해 있고 바닥이 가속도로 물체에 접근하는데, 엘리베이터 속의 관측자에게는 엘리베이터는 정지해 있고 물체는 손을 놓으면 등가속도로 바닥을 향해 운동한다.

엘리베이터 속의 낙하운동은 그 가속도가 물체의 질량에 의존하지 않고, 모든 물체에 대해서 같은 값이다. 또 용수철저울에 물체를 매달면 눈금의 계수는 질량에 비례하며, 지구에서의 무게와 똑같다.

이렇게 해서 엘리베이터 속에서 일어나는 현상은 모두 지구에서 일어나는 현상과 똑같으며, 우리는 중력이 작용하는 공간에서 정지해 있는지, 중력이 작용하지 않는 공간에서 등가속도 운동을 하고 있는 것인지 구별할 수가 없다.

이미 지적한 것처럼 중력은 다른 힘과는 달라, 그것이 작용하는 물체의 질량에 비례한다는, 즉 낙하운동의 가속도가 질량에 의존하지 않고 모든 물체에 대해 동일하다는 특이한 성질을 갖고 있으며, 이 특이성 때문에 공간의 운동으로 바꿔놓을 수 있다.

힘은 운동의 원인으로서 정의되고 있지만, 그것은 직접 관측되는 것이 아니고 관측되는 것은 운동뿐이다. 그러므로 운동을 설명할 수만 있다면 그 원인을 힘이라고 생각할 필요가 없다.

또 중력의 작용을 운동에다 돌린다면, 중력의 직달작용(直達作用)이라는 비물리적인 개념으로부터도 벗어날 수 있다.

그러나 유감스럽게도 중력가속도는 사실 어디서나 일정하지 않다. 그 크기는 만유인력의 가설에 따라, 힘의 근원으로부터의 거리의 제곱에 반비례하고, 게다가 방향도 장소에 따라 다르다. 그러므로 가속도의 크기나 방향이 일정하다고 볼 수 있는 범위에서는 위와 같은 고찰이 허용되지만 세계 전체가 하나의 등가속도 운동을 하고 있다고 생각할 수는 없는 것이다.

이 논의는 『물리학의 재발견(하)』에서 일반 상대성이론과 우주를 설명하는 데서 하기로 미룬다.

원심력

그런데 지금까지 관성계에 대해 등가속도 운동을 하고 있는

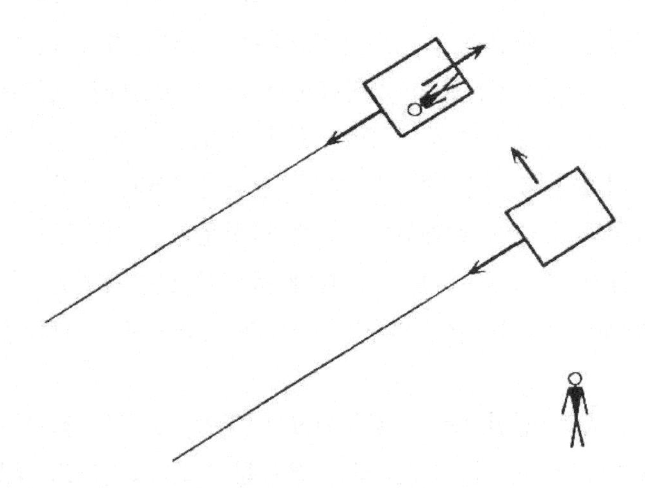

〈그림 58〉 엘리베이터 안의 관측자는 원심력을 느낀다

좌표계에 관해 고찰해 왔는데, 관성계에 대해서 가속도를 갖는 좌표계와는 달리 관성계에 대해 회전하고 있는 좌표계가 있다.

이번에는 엘리베이터가 중력이 작용하고 있지 않은 관성계라고 보이는 공간에서 밧줄에 매여 등속도 운동을 하고 있다고 하자. 그 가속도는 이미 보아왔듯이 늘 반지름에 따라서 원의 중심으로 향하고, 크기는 속도의 제곱을 반지름으로 나눈 v^2/r 또는 반지름에 각속도(角速度) 크기의 제곱을 곱한 rw^2로서 주어진다. 따라서 엘리베이터와 함께 운동하고 있는 물체에 작용하는 힘은 이 가속도에 각각의 물체의 질량을 곱한 것과 같다.

관성계의 관측자가 보면 엘리베이터 속의 물체는 운동의 제1원리에 따라 접선 방향으로 등속도 운동을 하려 하지만, 엘리베이터는 늘 접선 방향으로부터 중심을 향해 벗어난다. 그 때문에 엘리베이터 속에 있는 관측자의 손에서 떨어져 나간 물체는, 이윽고 회전의 중심과 반대쪽 엘리베이터의 바닥에 충돌하고, 그 후는 바닥으로부터 중심을 향해 밀리고, 엘리베이터와 같은 가속도로 등속도 운동을 한다.

한편 회전하고 있는 엘리베이터에 고정된 좌표계에서는 아까 말한 전동차나 엘리베이터의 직선운동의 경우와 마찬가지로 중심력의 가속도와 크기, 방향이 같고, 방향이 반대인 가속도를 주는 힘이 작용하고 있다고 하지 않으면 거기에서의 물체의 운동을 설명할 수가 없다. 이 관성력은 원심력(遠心力)이라고 부른다. 실제로 엘리베이터에 타고 있는 사람은 바닥 쪽으로 끌어당기는 힘을 느낄 것이며, 손에서 떨어져나간 물체는 바닥으로 향해 낙하한다.

회전목마나 커피컵에 탔을 때, 바깥으로 내던져지듯이 느껴지는 것은 이 원심력에 의한 것이다. 또 원심분리기는 원심력을 이용하여 밀도(비중)가 다른 두 종류의 액체나, 액체와 고체를 분리하는 장치다.

또 원심력에 대해 회전의 중심을 향해 끌리는 힘은 구심력(球心力)이라고 부른다. 가속도계에서 정지해 있는 물체에 대해서 원심력은 구심력과 평형을 이루고 있다.

철도와 원심력

이야기가 바뀌지만 기차나 전동차의 바퀴는 원심력과 관계가 있다.

전동차가 커브에 다다르면, 원심력이 외향으로 작용해서 바퀴는 바깥쪽의 선로로 밀리게 된다. 커브에서는 선로 폭을 약간 넓게 깔아 놓았으므로 바깥쪽 선로에는 바퀴의 테에 가까운

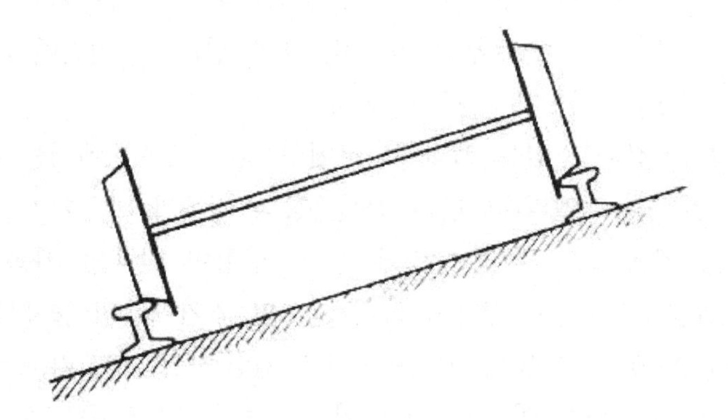

〈그림 59〉 바퀴의 모양과 선로의 커브

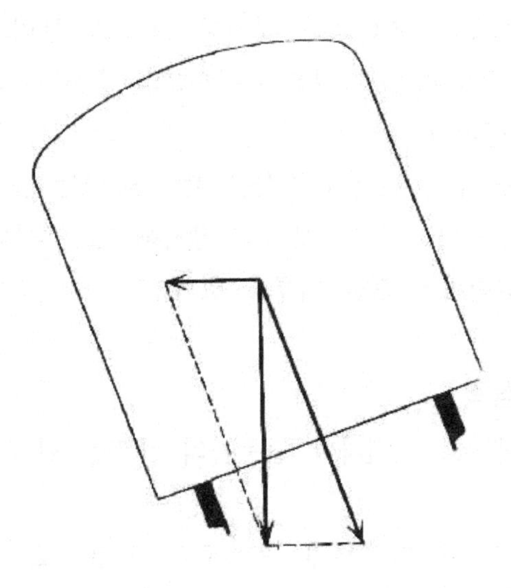

〈그림 60〉 전동차에 작용하는 구심력

부분이 얹히고 안쪽 선로에 바퀴의 테로부터 먼 부분이 실리게 된다. 그렇게 되면 선로에 닿는 곳의 바퀴의 지름, 따라서 원둘레의 길이는 바깥쪽이 안쪽보다 크고, 회전수는 같지만 바퀴가 진행하는 거리는 바깥쪽이 크며, 전체로는 삐걱거리지 않고 돌아가게 된다(그림 59).

또 커브에서는 선로의 바깥쪽이 안쪽보다 높게 깔려 있다. 이것은 전동차를 기울여서 중력에 전동차를 선로에다 밀어붙이는 작용을 하는 것 외에, 원심력에 평행이 되는 구심력의 작용마저 갖게 하기 위한 것이다. 〈그림 60〉처럼 힘의 평행사변형을 사용하면, 중력은 선로 면에 수직인 힘과, 수평 방향으로 커브의 중심을 향해 작용하는 구심력으로 분해할 수 있게 된다.

모두가 비스듬히 서 있다

지구도 또한 관성계에 대해 자전하는 것으로 생각된다. 따라서 지구 위의 물체는 중력 외에 원심력도 받고 있는 것이 된다. 원심력은 지축에 수직이고 바깥으로 향하며, 크기는 지축까지의 거리에 비례한다. 따라서 원심력은 적도에서 가장 크고 지구의 중심과 연결되는 선을 따라 위쪽을 향해 있으며, 위도가 높아짐에 따라 그 크기가 작아지고, 방향도 지구의 중심과 잇는 선으로부터 벗어나 극에서는 제로가 된다.

지구 위의 물체가 실제로 받고 있는 힘은 중력과 원심력을 합성한 것이기 때문에 그 힘은 적도와 극 외에서는 정확하게 지구의 중심을 향하고 있지는 않다. 따라서 집도 나무도 인간도 약간 비스듬히 서 있게 된다.

또 지구는 완전한 구(球)가 아니고, 남북 방향으로 약간 편평

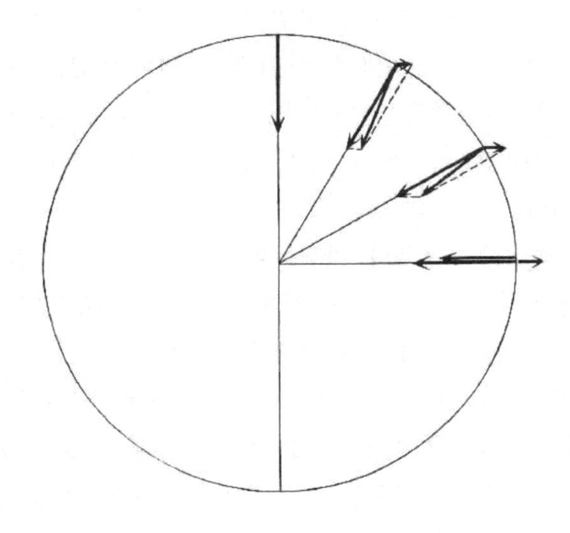

〈그림 61〉 원심력과 중력

하게 돼 있으므로, 적도에서는 중력이 가장 작고 원심력은 가장 커서, 실제로 작용하는 힘이 가장 작게 된다.

게다가 지구가 완전한 구가 아니라 남북 방향으로 약간 편평하고 적도가 부풀어 있는 것도 원심력의 작용에 의한 것이다. 지구의 반지름은 긴 데서는 6,378㎞, 짧은 데서는 6,357㎞로 약 297분의 1 정도의 근소한 차이가 있다.

그리고 적도에서 실제로 작용하는 힘의 가속도는 978.05㎝/s^2이며, 원심력의 가속도는 3.39㎝/s^2로 어림되기 때문 에 진정한 중력에 의한 가속도는 981.4㎝/s^2로 구해진다.

지구의 자전은 이미 말했듯이 차츰 느리게 돼 가지만, 만약 빨라진다고 하면 원심력은 가속도 크기의 제곱에 비례하고, 지축까지의 거리에 비례하기 때문에 먼저 적도에서 그 크기가 중

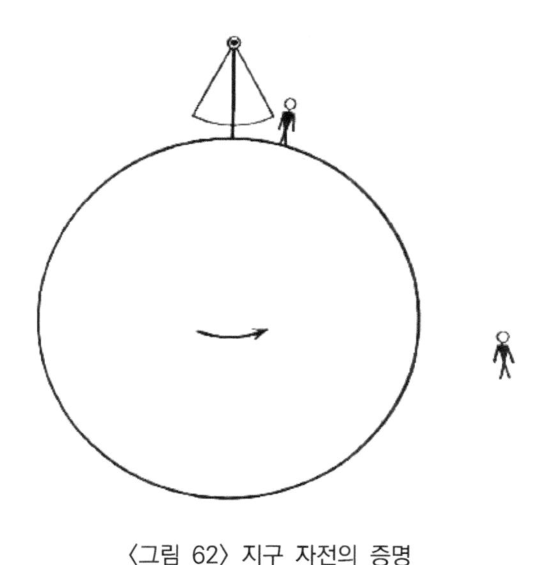

〈그림 62〉 지구 자전의 증명

력과 같아지고 물체는 지구 바깥으로 던져진다. 그것은 가속도가 현재의 약 17배가 됐을 때다.

지구 자전의 증명

그런데 지구의 자전은 어떻게 증명이 될까?

지금 북극에서 흔들이를 진동시켜, 지구의 관측자와 지구 바깥의 관성계의 관측자가 이것을 관측한다고 하자.

지구의 관측자에 따르면, 흔들이의 진동면은 동에서 서로, 위로부터 보아 시계 방향으로 회전하며, 하루에 일주한다.

그러나 지구 바깥의 관측자에 따르면 흔들이는 관성 때문에 진동면을 일정한 방향으로 유지하고 있다. 지구의 관측자에게 진동면이 회전하는 것처럼 보이는 것은, 관측자가 북극 주위를

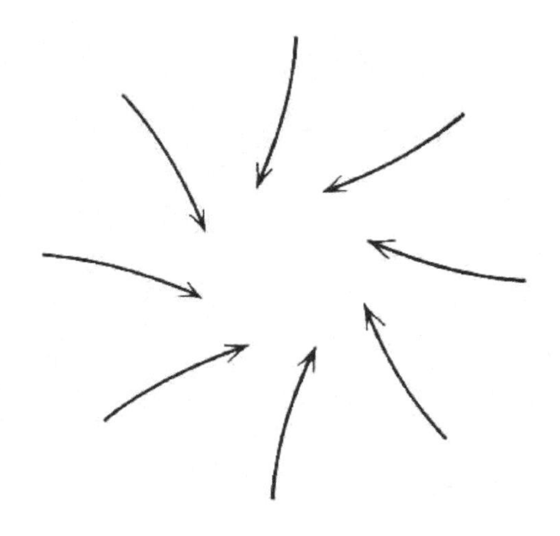

〈그림 63〉 코리올리의 힘과 태풍

서에서 동으로 향하여 위에서 보면 반시계 방향으로 회전하고, 하루에 일주하고 있기 때문이다. 그러나 지구의 관측자는 진동면을 회전하게 하는 힘이 작용하고 있다고 생각할 것이다. 이러한 관성력은 코리올리의 힘(Corioli's Force)이라고 부르며, 지구에서도 정지해 있는 물체에는 작용하지 않고, 운동하고 있는 물체에만 작용한다(그림 63).

이와 같이 지구의 자전은 흔들이의 진동면의 회전에 의해 증명된다. 특히 지구의 자전을 나타내기 위해 만들어진 실이 길게 달린 흔들이를 푸코 진자라고 부른다.

푸코 진자의 실험은 물론 북극에서 해야 하는 것은 아니다. 다만 위도가 낮아짐에 따라 진동면의 회전이 느려지고, 적도에서는 회전하지 않는다.

푸코 진자와 같은 현상은 기차의 선반에 흔들이를 매달아 보면 관찰할 수 있다. 커브에 다다르면 타고 있는 사람에게는 흔들이의 진동면이 차에 대해 회전하는 것처럼 보인다. 그러나 흔들이의 진동면은 차 바깥에 있는 사람이 보면, 일정한 방향으로 유지돼 있고, 차가 흔들이의 진동면을 따라 회전하고 있다.

코리올리의 힘은 여러 곳에서 그 효과를 나타낸다. 북반구에서는 모든 운동이 오른쪽으로 휘어진다. 이를테면 총알도, 바람도 그렇고 태풍의 회전 방향이 위에서 보면 반시계 방향인 것도 그 때문이다. 남반구에서는 물론 그 반대다. 그러므로 적도를 향해 불어오는 바람은 양반구 모두 서쪽으로 쏠려 있다. 게다가 북반구에서는 강의 오른쪽 기슭이 보다 날카롭게 깎여 나가고, 선로는 오른편 안쪽의 마모가 더 심하다고 한다.

지구 공전의 증명

이야기가 나온 김에 지구의 공전은 어떻게 증명될까? 그것은 항성의 시차(視差)에 의한다.

지구가 1년 동안에 태양 주위를 일주하고 있다면, 매우 먼 곳에 있는 항성을 바라보는 방향이 변함없어도 가까이에 있는 항성을 보는 방향은 변하고 1년이 되면 다시 본 자리로 돌아온다. 반년의 사이를 두고 지구의 궤도 양 끝으로부터 같은 별을 바라보는 각도 차이의 절반을 시차라고 부른다. 지구의 공전은 시차의 존재에 의하여 증명된다(그림 64).

또 지구의 궤도 반지름을 알고 있으면—그것은 5장의 표에 든 것처럼 약 1억 5,000만 킬로미터인데 가까운 항성까지의 거리는 시차로부터 구해진다. 시차가 작을수록 그 별까지의 거리가 크다는 것은 말할 나위도 없다. 시차 1초에 해당하는 거리

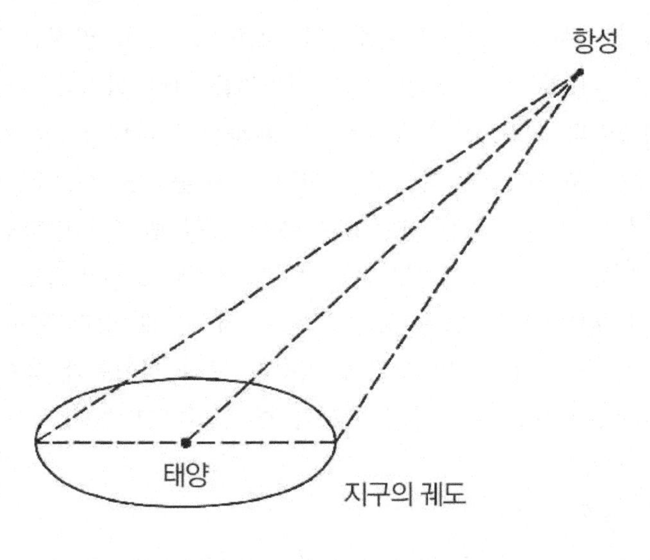

〈그림 64〉 지구 공전의 증명

는 1Pc(파섹)이라고 부르며 약 30조 킬로미터, 3.26광년과 같다. 참고로 태양계에 가장 가까운 항성의 시차는 0.75초이다.

공간의 균질성과 평행이동

그런데 우리는 이 장에서 관성계와 관성계 간의 갈릴레오 변환이나, 관성계와 가속도계 간의 변환 등을 다루어 왔다. 그러나 좌표계의 변환이라는 것은 굳이 서로 운동하고 있는 공간에 취해진 좌표계 간에서만 생각되는 것은 아니다.

한 공간 속에서 좌표계를 취할 때도 그 원점을 어디에 선택해도 되며, 좌표축도 서로 직교만 하고 있으면 어떤 방향으로 선택해도 된다. 따라서 원점의 위치나 좌표축의 방향이 다른, 두 좌표계 간의 변화를 생각할 수 있다. 각각의 좌표계가 자를 가진 관측자를 의미한다는 것은 이미 말한 대로다.

좌표계 변환의 대표적인 것은 평행이동과 회전, 경영(鏡映)이 있다. 평행이동은 〈그림 65〉의 ⓐ와 같이, 원점의 위치는 다르지만 좌표축이 서로 평행인 좌표계 간의 변환, 회전은 〈그림 65〉의 ⓑ처럼 원점은 같지만 좌표축의 방향이 다른 좌표계 간의 변환이다. 또 경영은 두 좌표축은 같으나, 한 좌표축의 방향이 반대인 좌표계 간의 변환이며, 〈그림 65〉의 ⓒ와 같이 3개의 좌표축 모두에 대해 경영할 때, 이것을 반전(反轉)이라고 한다. 반전은 또 한 축에 관한 경영과, 그 축 주위의 180°의 회전을 겹친 것으로도 돼 있다.

그런데 물리학의 원리나 법칙이 좌표계의 평행이동, 회전, 경영 또는 반전에 관해 불변일 때, 그 배경을 이루는 공간은 각각 균질, 등방, 대칭인 성질을 가지고 있다.

이를테면 끝없이 평탄한 광야에서는 어디에 섰든지 간에 똑같은 경치가 펼쳐질 것이다. 관측자에게 있어서는 자기의 위치가 어디건 동등하며, 그것들을 구별할 수 있는 것은 아무것도 없다. 그러나 만약 산이 하나라도 있으면 서 있는 위치에 따라 경치가 달라 보이며 관측자도 자기 위치를 구별할 수 있다.

즉 공간의 균질성은 좌표계의 평행이동에 관한 불변성에 의해 표현된다.

지금 어떤 좌표계에 관해 좌표 (x, y, z)로 주어지는 점 (P)에 있어서, 운동의 원리가 성립돼 있다고 한다. 그래서 좌표계를 x_0, y_0, z_0만큼 평행이동을 시켜 보자. 그때 새로운 좌표계

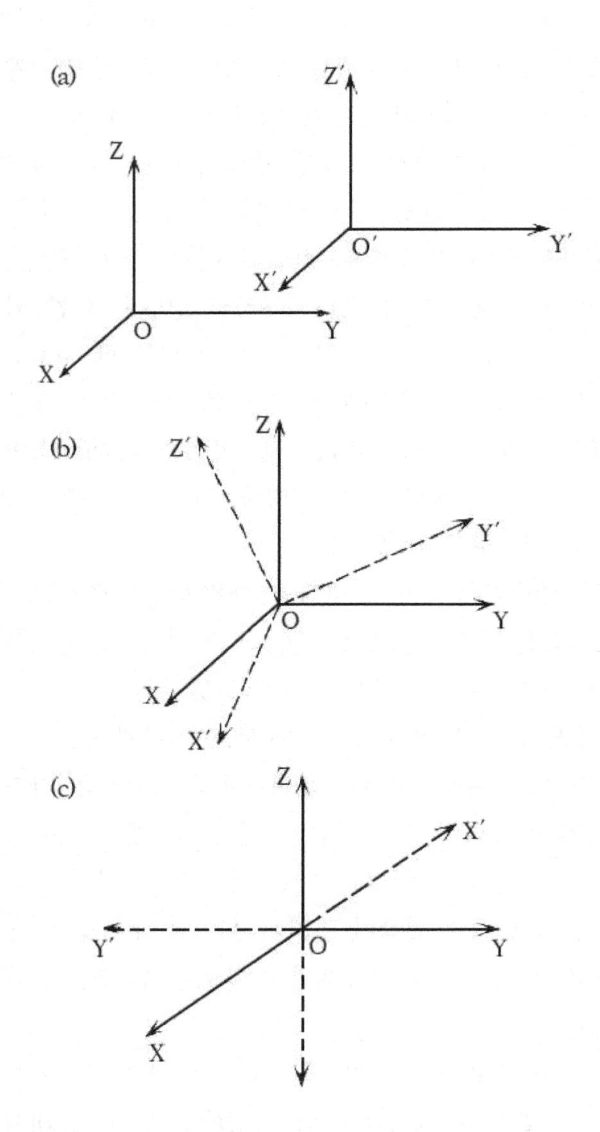

〈그림 65〉 좌표계의 변환, 평행이동(a), 회전(b), 반전(c)

에 관해 같은 좌표 (x, y, z)를 갖는 점 (P′)에서도, 같은 운동의 원리가 성립된다면 운동의 원리는 평행이동에 관해서 불변이라고 한다. 그런데 P′는 본래 좌표계에 관해서는 좌표 $(x+x_0, y+y_0, z+z_0)$로서 주어진다. 즉 운동의 원리가 평행이동에 관해서 불변이라면, 본래의 좌표계에 관해 말하면 점 (x, y, z)에 있어서와 같은 운동의 원리가 점 $(x+x_0, y+y_0, z+z_0)$에서도 성립되게 된다. 그리고 x_0, y_0, z_0는 임의이며 어떤 값을 취해도 된다.

따라서 운동의 원리가 평행이동에 관해 불변하다면, 공간의 모든 점에서 같은 운동의 원리가 성립된다.

반대로 공간의 모든 점에서 같은 운동의 원리가 성립되면, 운동의 원리가 평행이동에 관해서 불변이란 것도 명백할 것이다.

실제로 우리는 공간의 어느 점에 있어서도 일어날 수 있는 운동은 똑같으며, 어떤 점에서 밖에는 일어날 수 없을 만한 운동은 없다는 것을 알고 있다. 즉 공간의 모든 점에서 같은 운동의 원리가 성립된다.

따라서 우리가 여러 곳에 서서 자기와의 관계 위치가 같은 점을 비교한다면, 즉 자기를 원점으로 하여 같은 좌표계로서 표시되는 점을 비교한다면, 그것들의 어느 점에서도 같은 운동의 원리가 성립되는 것을 발견한다. 즉 운동의 원리는 평행이동에 관해서 불변하다.

이것은 다음과 같이 생각하면 된다. 어떤 좌표계와 그것에 대해 평행이동한 좌표계는 서로 정지해 있으므로 속도는 어느 좌표계로부터 보아도 같다. 가속도는 속도의 변화이기 때문에 이것도 역시 어느 좌표계에 관해서도 같아진다. 힘도 변하지

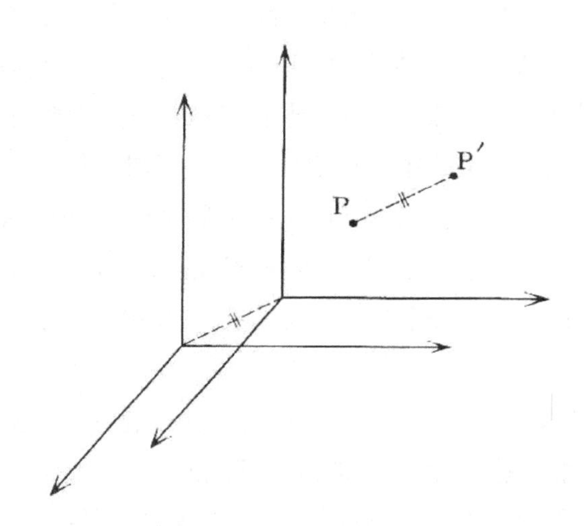

〈그림 66〉 평행이동과 공간의 균질성

않는다. 다만 힘은 대부분의 경우, 거리에 의존하는데 이것은 나중에 제시하듯이 평행이동에 관해서 불변량이다. 따라서 운동의 원리는 평행이동을 한 어느 좌표계에 관해서도 마찬가지로 성립되어야 한다(그림 66).

이상의 논의에서 관점을 달리하면, 운동의 원리에 관한 한 평행이동한 모든 좌표계는 대등하며 그것들을 구별할 수는 없다. 좌표계의 원점을 어디에 선택하건 관측자가 어디에 섰건 그 위치에 우열이 없고, 공간의 모든 점이 대등한 것이 된다. 즉 공간은 운동의 원리에 관해서 균질하다.

결국, 공간의 모든 점에서 같은 운동의 원리가 성립된다는 것이 공간의 균질성을 뜻하는 것이 된다.

공간의 등방성, 대칭성과 회전, 경영 또는 반전

다음에 공간의 등방성은 회전에 관한 불변성으로 표현된다.

우리는 공간의 어느 방향에서밖에 일어날 수 없는 운동은 없다는 것을 알고 있다. 이것은 공간의 모든 방향에 대해 같은 운동의 원리가 성립되고 있다는 것을 뜻한다. 따라서 운동의 원리는 좌표계를 회전하더라도, 어느 좌표계에 관해서도 마찬가지로 성립하게 된다. 즉 운동의 원리는 회전에 관해 불변이다.

바꿔 말하면 운동의 원리에 관한 한, 회전한 모든 좌표계는 대등하며 그것들을 구별할 수는 없다. 즉 공간은 회전의 중심에 관해 등방적이다.

그리고 좌표계의 원점, 회전의 중심을 어디에 선택하건 같은 논의가 성립되므로 공간은 운동의 원리에 관해서 등방적이다.

또 공간의 대칭성은 경영, 또는 반전에 관한 불변성에 의하여 표현된다.

이를테면 2축에 관해 경영을 하고, 두 좌표계로부터 본 운동을 비교해 보자. 경영한 좌표계에서 보아 2방향의 플러스 방향의 운동은, 본래의 좌표계에서 보면 2방향의 마이너스 방향의 운동이며, 이것은 본래의 좌표계에서 z 방향의 플러스 방향의 운동을, z축에 수직으로 세운 거울에 비친 것으로 돼 있다. 또 경영한 좌표계에서 봤을 때 x축으로부터 y축으로 향하는 회전운동은 본래의 좌표축에서 보더라도 x축으로부터 y축으로 향하는 회전운동이며, 이것 또한 본래의 좌표계에서 x축으로부터 y축으로 향하는 회전운동을 x축에 수직으로 세운 거울에 비친 것이다(그림 67).

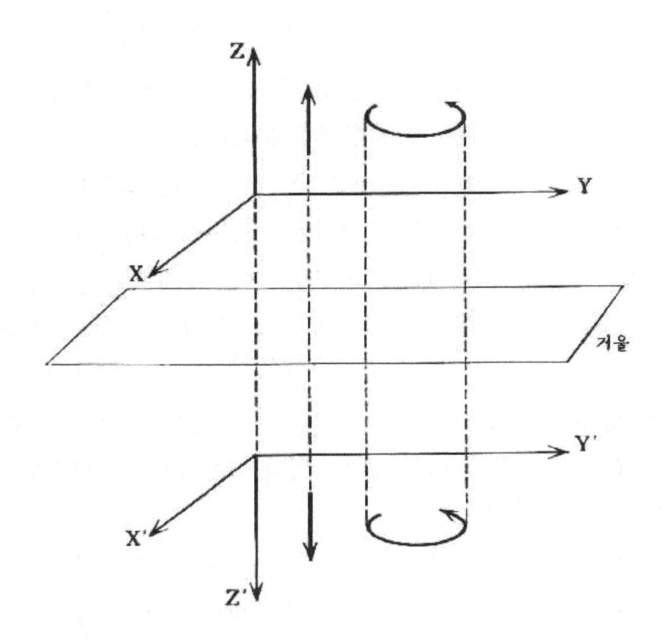

〈그림 67〉 경영과 공간의 대치성

일반적으로 경영한 좌표계에 관한 운동은, 본래의 좌표계에 관해서 그것과 같은 방향을 갖는 운동을 거울에 비친 것이다.

따라서 거울 속의 세계에서 일어나는 운동을 조사하면, 경영한 좌표계에 관한 운동을 알게 된다.

그리고 거울 속의 세계에서 일어나는 운동은 모두 우리 세계에서도 실현 가능한 운동뿐이다. 이것은 경영된 좌표계에 관해서도 같은 운동의 원리가 성립돼 있다는 것을 뜻한다. 즉, 운동의 원리는 경영에 관해 불변하다.

바꿔 말하면, 운동의 원리에 관한 한 경영한 어느 쪽의 좌표계도 대등하다는 것이 된다. 즉 공간은 운동의 원리에 관해 대칭이다.

만약 본래의 좌표계에서 볼 때, 2방향의 플러스 방향의 운동밖에 일어나지 않는 일이 있다면, 경영된 좌표계로부터 보면 2방향의 마이너스 방향의 운동밖에 일어나지 않는 것이 되고, 따라서 경영된 좌표계에 관한 운동에는, 본래의 좌표계에 관해서는 일어날 수 없는 운동이 있게 된다.

또 반전은, 이를테면 z축에 관한 경영에 그 축 주위의 180°의 회전을 겹친 것이기 때문에, 본질적으로는 경영과 마찬가지로 다룰 수 있다.

이렇게 해서 운동의 원리는 좌표계의 평행이동, 회전, 경영 또는 반전에 관해 불변이다. 즉 뉴턴역학은 균질, 등방, 대칭인 공간을 전제로 하고 있다.

이 공간이 3차원 유클리드 공간에서 구해진다는 것은 말할 나위도 없다.

그렇다면 균질, 등방, 대칭인 공간은 역학뿐 아니라 다른 분야의 원리, 법칙까지도 포용할 만한 용량을 가졌을까? 이것은 『물리학의 재발견(하)』에서 다룰 큰 문제다.

시간의 균일성, 대칭성과 시간의 평행이동, 시간반전

시간에 대해서도 공간과 마찬가지 논의를 할 수 있다.

즉, 시간의 균일성은 시간의 평행이동에 관한 불변성에 의하여 표현된다.

시간의 평행이동이라는 것은, 시간의 원점을 옮기는 것, 시계의 제로를 다른 시각에다 맞추는 것이다. 따라서 모든 시각은 그 호칭 방식이 같은 값만큼 바뀌게 된다. 이를테면 아까는 1

시라고 부르던 시간을 2시, 2시라고 부르던 시간을 3시라고 부르는 것뿐이다.

그런데 우리는 시각이 어떻든 간에 늘 같은 운동의 원리가 성립된다는 것을 알고 있다. 이것은 시간의 균일성을 뜻한다. 그리고 이때 운동의 원리는 시간의 평행이동에 관해서 불변이다. 왜냐하면, 이를테면 운동의 원리가 1시에 성립된다고 하면, 평행이동을 하면 2시에 성립되게 되고, 한편 변화 전의 2시에도 성립되기 때문에 그 불변성이 증명된다.

이렇게 해서 시간의 흐름은 운동의 원리에 관해서 균일하다.

또 시간의 대칭성은 시간반전에 관한 불변성에 의하여 표현된다.

뉴턴의 운동방정식은 시간의 흐름의 방향을 반대로 하더라도 바뀌지 않는다. 왜냐하면 가속도는 시간으로 두 번 나누기 때문에 마이너스가 상쇄되기 때문이다. 그리고 이것은 2장에서 말한 것과 같은, 시간반전의 세계에서 나타나는 운동은 모두 본래의 세계에서도 실현될 수 있다는 것을 뜻한다.

즉 시간의 흐름은 운동의 원리에 관해서 대칭이다.

이와 같이 운동의 원리는 시간의 평행이동, 시간반전에 관해서 불변이다. 즉 뉴턴역학은 균일, 대칭인 시간을 전제로 하고 있다.

그렇다면 역학 이외의 분야도 균일, 대칭한 시간의 흐름 속에 있을까? 이 중요한 문제는 8, 9장 및 『물리학의 재발견(하)』에서 논의하게 될 것이다.

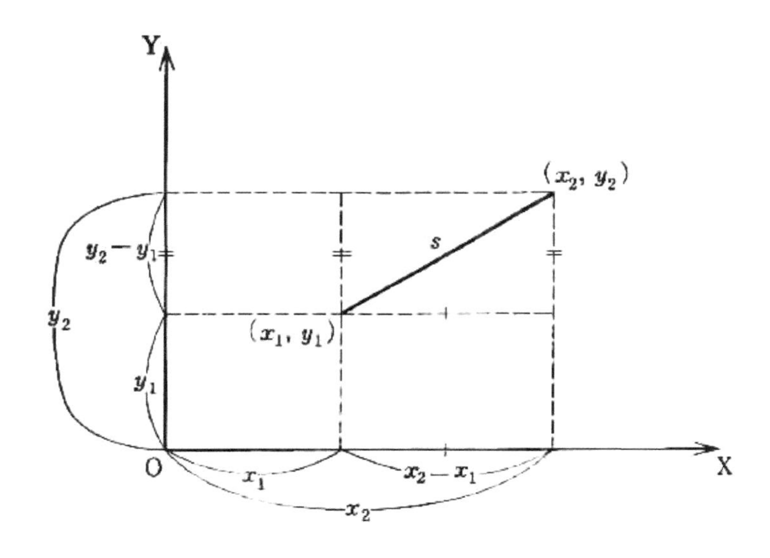

〈그림 68〉 두 점 간의 거리

유클리드 공간에 있어서의 두 점 간의 거리

그런데 공간에 있어서의 두 점 간의 거리(s)는, 이들 좌표를 각각 (x_1, y_1, z_1), (x_2, y_2, z_2)로 하면 다음과 같이 표시된다.

$$s^2 = (x_2 - x_1)^2 + (y_2 - y_1)^2 + (z_2 - z_1)^2 \cdots\cdots\cdots\cdots\cdots \langle 수식\ 6\text{-}10 \rangle$$

이것은 평면에 있어서의 두 점 간의 거리를 상기하면 쉽사리 이해된다. 〈그림 68〉과 같이 거리의 제곱은 피타고라스의 정리에 따라 x좌표 차이의 제곱과, y좌표 차이의 제곱을 더한 것과 같다.

이 두 점 간의 거리는 위에서 든 평행이동, 회전, 경영 또는 반전이나 갈릴레오 변환 등에 관해서 불변량으로 돼 있다. 즉 어떤 좌표계에 관해서도, 같은 형태로 표시되고 또 값도 같다.

즉 두 좌표계에 관한 거리를 s, s′로 하면,

$$s'^2 = (x'_2 - x'_1)^2 + (y'_2 - y'_1)^2 + (z'_2 - z'_1)^2$$
$$= (x_2 - x_1)^2 + (y_2 - y_1)^2 + (z_2 - z_1)^2 = s^2 \quad \cdots\cdots\cdots\cdots\cdots \langle 수식\ 6\text{-}11\rangle$$

가 성립된다.

이것을 평행이동의 경우에 대해 증명해 두자. 좌표계의 원점을 x_0, y_0, z_0만큼 옮기면, 새로운 좌표계에 관한 좌표 x', y', z'는 본래의 좌표계에 관한 좌표 x, y, z에 의하여 다음과 같이 표시된다.

$$x' = x - x_0,\ y' = y - y_0,\ z' = z - z_0 \quad \cdots\cdots\cdots\cdots\cdots \langle 수식\ 6\text{-}12\rangle$$

따라서 $x'_2 - x'_1 = (x_2 - x_1) - (x_1 - x_0) = x_2 - x_1$이 되어 〈수식 6-11〉이 유도된다.

물리적으로도, 두 점 간의 거리는 어떤 관측자가 측정하더라도 똑같은 값이 아니면 안 된다.

이상은 3차원의 유클리드 공간에 대한 이야기이지만, 일반적으로 공간은 그 두 점 간의 거리가 어떻게 주어지고, 또 그것이 어떠한 변환에 관해 불변한가에 따라 특징지어진다. 특수상대성이론의 4차원 민코프스키 공간, 일반 상대성이론의 4차원 리만 공간 등에 대해서는 『물리학의 재발견(하)』에서 이런 관점으로도 상세히 논의될 것이다.

7. 일과 에너지

—에너지, 운동량의 보존은 시간의 균일성, 공간의 균질성을 뜻한다

일의 양은 어떻게 측정하면 되는가

에너지라는 말을 현재와 같은 뜻으로 사용하게 된 것은 19세기 초, 토머스 영에서부터의 일이다. 어원은 그리스어로 일이라는 뜻의 에르곤(ergon)에 「속에」라는 뜻의 접두사 엔(en)이 붙은 것이다. 즉 에너지란 속에 감춰진 일, 일을 할 수 있는 능력을 뜻한다.

그렇다면 일을 한다는 것은 물리적으로는 어떤 것이며, 또 그 양은 어떻게 하여 측정될까?

이를테면 물체를 높은 곳으로 들어 올리는 데에 일을 한다는 말이 쓰인다. 그런데 물체의 무게가 2배가 되면 일의 양도 2배가 되고, 들어 올리는 높이가 2배가 되어도 일의 양은 2배가 되는 것이라고 생각되고 있는 것이 아닐까?

무게라는 것은 물체에 작용하는 중력의 크기다. 물체를 들어 올리려면 그 중력에 상응하는 힘을 상향(上向)으로 작용시켜야 한다.

따라서 일은, 작용시키는 힘에 비례하고 또 움직인 거리에도 비례한다고 생각해도 된다. 즉 일은 힘과 거리를 곱한 값에 비례한다.

일의 양을 이렇게 측정하면 편리하다는 것은 이런 예로 알 수 있을 것이다. 짐 하나를 운반하는 데에 작은 힘으로 하려고 그것을 10개로 나눠 나르면 힘은 10분의 1이 되는 대신 같은 일을 10번 반복해야 하기 때문에 움직이는 거리는 10배가 되어 힘과 거리를 곱한 값, 즉 일의 양은 변하지 않는 것이 된다(그림 69).

분할해 나를 수 없을 경우라도, 지렛대나 빗면 등을 사용하

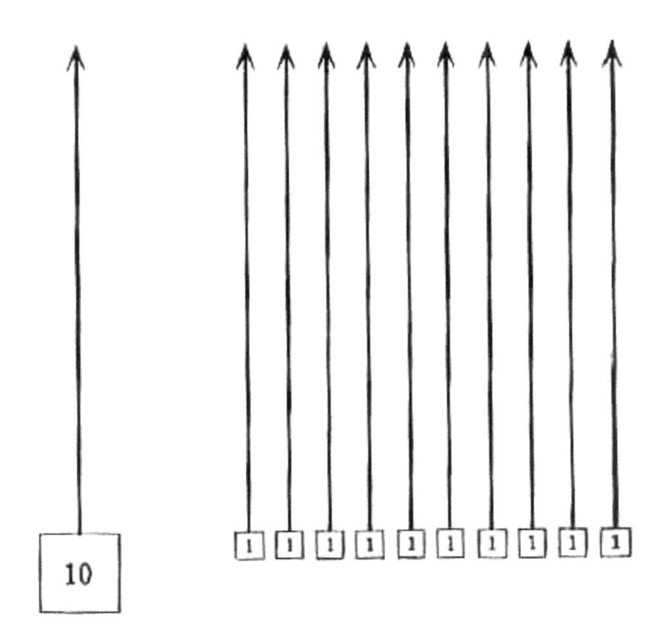

〈그림 69〉 일의 양은 어떻게 측정하면 되는가

면 힘이 작아도 된다는 것은 잘 알려진 일이다. 그러면 지렛대나 빗면을 쓰면 일이 경감될 수 있을까?

내게 발판을! 그러면 대지를 움직이리라

먼저 지렛대에 대해 고찰해 보자. 지렛대는 그 두 끝에 작용하는 힘의 크기가 지점(支点)부터의 막대 길이에 반비례할 때 평형이 된다. 따라서 짧은 쪽에 무거운 물체를 얹고, 긴 쪽 끝을 누르면 작은 힘으로 큰 힘의 작용을 할 수 있다.

「내게 발판을 달라. 그러면 대지라도 움직이리라」고 한 아르키메데스의 말은, 지렛대의 법칙을 알았던 고대 사람의 자랑스

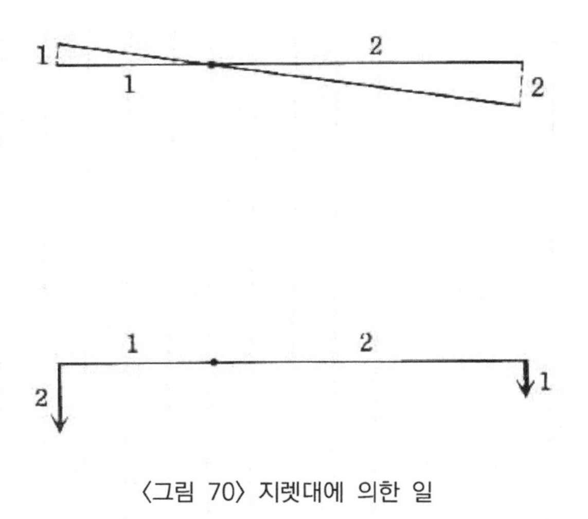

〈그림 70〉 지렛대에 의한 일

런 환성이었을 것이다.

그렇다면 지렛대를 쓰면 일의 양이 적어도 될까? 지렛대의 두 끝에 작용하는 힘의 크기는 막대 길이에 반비례하고, 두 끝이 움직이는 거리는 막대 길이에 비례한다. 이를테면 지렛대의 막대 길이의 비례를 1:2로 하면 두 끝에 작용하는 힘의 크기는 2:1, 두 끝이 움직이는 거리는 1:2가 된다. 따라서 작용하는 힘의 크기와 그것에 의해 움직이는 거리를 곱한 양은 어느 끝에서도 같은 값을 갖게 된다. 그리고 이것은 막대 길이의 비를 어떻게 취하느냐에는 의존하지 않는다(그림 70).

즉 지렛대를 쓰더라도 일의 양을 적게 할 수는 없다.

이번에는 매끈한 빗면에 대해 고찰해 보자. 간단하게 〈그림 71〉과 같이, 기울기의 각도를 30°로 해 두자. 이것은 일종의 삼각자와 같은 모양이며, 높이와 빗면 길이의 비는 1:2로 돼 있다.

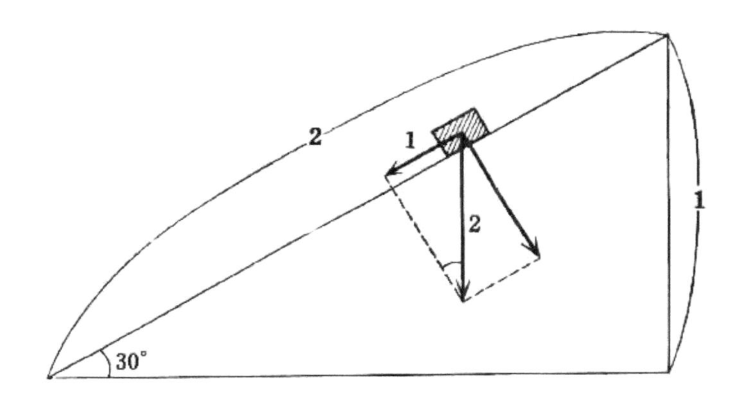

〈그림 71〉 빗면에 의한 일

이 빗면 위에 얹힌 물체에는 어떤 힘이 작용할까? 작용하는 힘은 중력뿐이지만, 이것을 힘의 평행사변형을 써서 빗면에 평행인 방향의 성분과 수직인 방향의 성분으로 분해하여 고찰하면, 앞 것은 물체를 빗면을 따라 낙하하게 하려는 힘이고, 뒤 것은 물체를 빗면에다 밀어붙이는 힘이다. 그리고 빗면을 따라 작용하는 힘은 힘의 삼각형과 빗면의 삼각형의 닮음으로부터 중력 크기의 꼭 절반이 돼 있다.

따라서 빗면을 따라 물체를 끌어올릴 때 작용할 힘의 크기는 연직으로 끌어올릴 때와 비교하여 2분의 1이 되지만, 같은 높이까지 올리는 데에 움직이는 거리는 2배가 되어 힘의 크기와 거리를 곱한 값은 연직인 때의 값과 변함이 없게 된다.

즉 빗면을 쓰더라도 일의 양은 경감되지 않는다.

참고로 말하면 나사는 빗면을 원기둥에 감아 붙인 것일 따름이다.

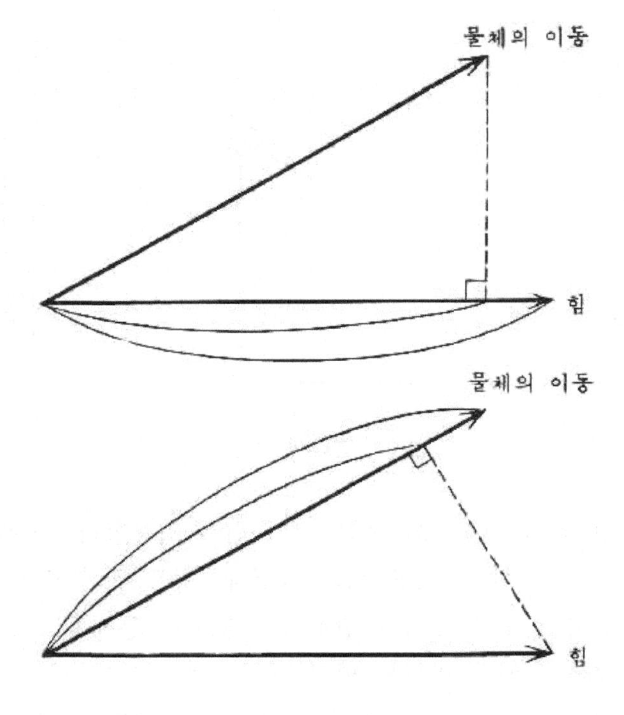

〈그림 72〉 일의 양을 구하는 법

변화 속에 숨겨진 불변한 것

여기서 일을 좀 더 엄밀하게 정의해 두자.

힘이 작용해서 물체가 움직일 때, 힘의 크기와 힘의 방향으로 물체가 움직인 거리를 곱한 값을 힘이 물체에 대해서 한 일이라고 한다.

즉 힘의 방향과 물체가 이동한 방향이 다를 때는 물체가 이동한 거리를 힘의 방향으로 투영하고, 그 값을 힘의 크기에 곱한 것이 일이다.

또는 힘을 물체가 이동한 방향으로 사영(射影: 도형이나 입체를 다른 평면에 옮기다)하고, 즉 그 방향의 성분을 취해 그것에 이동한 거리를 곱해도 마찬가지다.

따라서 물체가 힘과 반대 방향으로 움직이면 힘은 물체에 마이너스의 일을 한 것이 되어, 바꿔 말하면 물체는 힘에 대항해서 플러스의 일을 한 것이 된다.

또 힘의 방향과 물체가 이동한 방향이 수직일 경우에는 일은 하지 않은 것이 된다. 빗면의 문제에서 빗면에 수직으로 작용하는 힘에 의한 일을 고려하지 않은 것은 그 때문이다. 마찬가지로 물체를 들어 올릴 때에는 일을 하지만, 그것을 수평 방향으로 운반하면 일을 한 것이 되지 않는다.

지렛대나 빗면 등의 단일기계에 대해, 힘으로는 득을 보아도 일의 양은 경감되지 않는다는 것을 가리킨 것도 갈릴레오다. 이것은 일의 원리라고도 불린다. 그는 상대운동이나 시간반전에 관해 무엇이 불변이냐는 점에 착안한 것과 마찬가지로 힘의 작용에 대해서도 불변의 양으로서 일을 발견했다.

일의 행방

그런데 어떤 질량(m)의 물체를 중력에 대항해서 어떤 높이(h)로 상승시킨다고 하자. 그러려면 중력보다 무한소만큼 큰 힘을 상향으로 작용시키면 된다. 힘은 거의 평행이 돼 있으므로 올리기에는 무한히 오래 걸리겠지만, 여기서는 시간이 문제가 아니다.

이때 상향의 힘에 의해 이루어질 일은 mgh로 주어진다. 상향으로 작용시킨 힘의 크기는 중력의 크기 mg와 같다고 두어

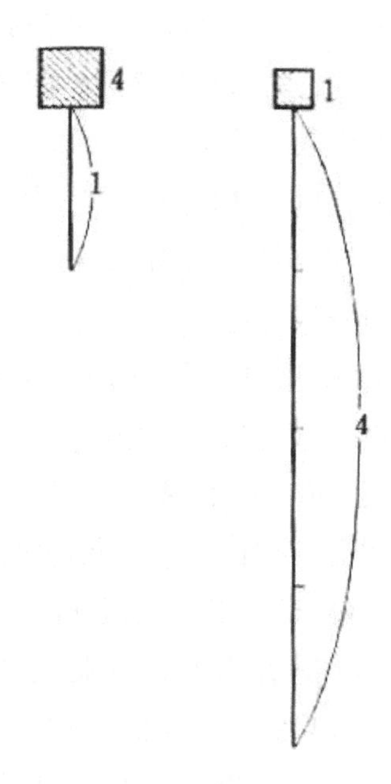

〈그림 73〉 일의 행방

도 되기 때문이다. 중력이 한 일은 이것의 부호를 바꾼 것과 같다.

연직 방향이 아니고 빗면을 따라 상승시켜도 일의 양에 변함이 없다는 것은 이미 말했다.

다음에는 이 물체를 떨어뜨리기로 한다. 1, 2장에서 살펴보았듯이 물체의 낙하에 의해 얻는 속력(v)은 그것이 연직 방향으로 낙하하건, 어떠한 기울기의 빗면을 따라 낙하하건 낙차(落差), 즉 연직거리의 제곱근에 비례한다($v = \sqrt{2gh}$).

그래서 〈그림 73〉의 두 경우를 비교하자. 한쪽은 1의 질량인 물체를 4의 높이로, 다른 쪽은 4의 질량인 물체를 1의 높이로 올린다. 그것들에 요하는 일은 질량에 비례하고, 높이에도 비례하므로 물론 서로 같다.

계속해서 두 물체를 낙하시키면, 앞 것이 얻는 속도는 낙차의 제곱근에 비례하는 것이므로, 뒤 것이 얻는 속도의 2배가 된다. 만약 운동량의 크기를 비교하면 각각 질량을 곱하여, 반대로 뒤 것이 앞 것의 2배가 되는 것을 안다.

이렇게 같은 양의 일에 의해 생기는 두 상태로부터 출발하더라도, 얻어지는 속력도 운동량의 크기도 서로 같지는 않다.

그러면 어떤 양을 생각하면 서로 같은 값이 얻어질까? 그것은 쉽게 알 수 있듯이, 속력의 제곱과 질량을 곱한 값에 비례하는 양이다.

그런데 속력(v)의 제곱과 질량(m)을 곱한 값 mv^2는, $v = \sqrt{2gh}$ 이므로, 2mgh와 같고 따라서 그 2분의 1을 취하면 $\frac{1}{2}mv^2 = mgh$가 되어, $\frac{1}{2}mv^2$이라는 양은 상향의 힘이 물체를 h의 높이로 상승시키는 데에 한 일 mgh와 같다는 것을 알 수 있다.

처음에 들어 올리기 전의 물체의 속도는 제로이고, 따라서 질량과 속력을 제곱한 값도 제로이다. 물체의 상승과 하강에 즈음하여 중력이 하는 일은 플러스, 마이너스로 상쇄되기 때문에 결국 상향인 힘의 물체에 한 일 mgh가 본래의 수준으로까지 돌아온 물체가 갖는 $\frac{1}{2}mv^2$이라는 양으로 바뀌었다고 생각해야 한다.

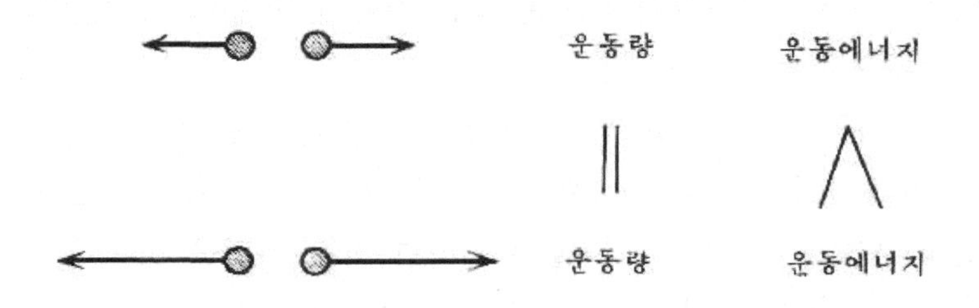

〈그림 74〉 운동량과 운동에너지

운동에너지

그러면 반대로 $\frac{1}{2}mv^2$이라는 양은 일로 바뀔까?

이것을 시험하기 위해 다시 한 번, 이 물체를 상승시켜 보자. 하기는 이번에는 속도를 가지고 있으므로, 힘을 가해서 들어 올리지 않아도 자기 자신이 올라간다. 그리고 $v=\sqrt{2gh}$로부터 $h=v^2/2g$의 높이에까지 다다를 것이다. 그동안에 중력은 ($-mgh$)의 일을 하는데, 이것은 분명히 ($-\frac{1}{2}mv^2$)과 같다. 즉 물체는 중력에 대항해서 $\frac{1}{2}mv^2$의 일을 한다.

즉 어떤 질량(m)의 물체가 어떤 속도(v)로 운동하고 있으면, 그것은 $\frac{1}{2}mv^2$만큼의 일을 할 능력을 가졌다는 것이 된다.

일을 할 수 있는 능력을 에너지라고 부른다. $\frac{1}{2}mv^2$이라는 양의 경우는 일을 하는 능력이 운동하고 있다는 것에서 주어지고 있기 때문에 운동에너지라고 불린다.

그런데 지금까지 물체의 운동과 본질적으로 결부돼 있는 양

〈그림 75〉 하위헌스(1629~1695)의 상

이 두 가지 나온 것에 주의하자. 하나는 운동량이고, 또 하나는 운동에너지다. 그리고 한쪽은 벡터이고 다른 쪽은 스칼라(Scalar)이다.

실제 운동에너지만으로는 운동의 방향을 가리킬 수 없다. 또 이를테면 두 물체의 운동량의 합이 제로이고 서로 반대 방향으로 운동하고 있을 경우 각각의 운동량을 2배로 하더라도 그 합은 변하지 않지만, 일을 할 능력이 늘어나는 것은 분명하다.

에너지의 개념이 싹튼 것은 하위헌스에게서 엿볼 수 있는데, 운동에너지의 중요성을 특히 강조한 것은 라이프니츠로서 데카르트의 운동량과 대립했다(그림 75).

그러나 『물리학의 재발견(하)』에서 설명하듯이, 현대의 상대성이론 입장에서 본다면, 운동량과 에너지는 더불어 4차원 시공에 있어서 에너지운동량 벡터를 만들고 있으며, 그 공간성분

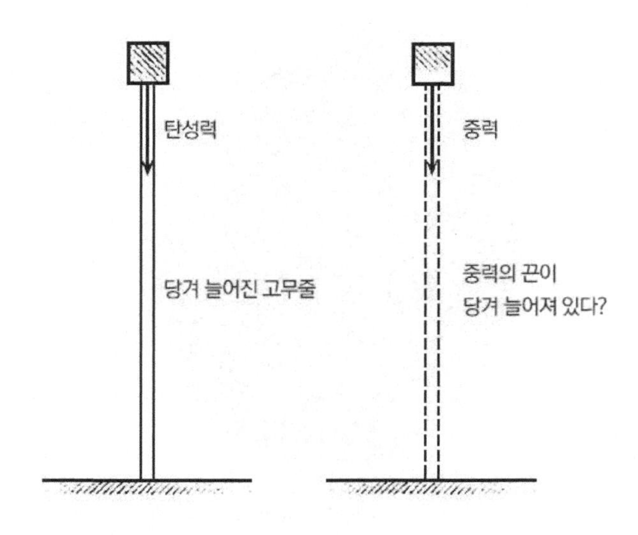

〈그림 76〉 퍼텐셜에너지

x, y, z가 운동량에, 시간성분, t성분이 에너지에 해당한다. 운동량과 에너지의 공간과 시간의 대응에 대해서는 이 장에서도 다시 언급하겠다.

위치에너지

그런데 아까 우리는 물체가 처음에 상승할 때 외부로부터 물체에 가해진 일과 마지막에 본래의 높이까지 낙하했을 때 그 물체가 갖는 운동에너지를 관련지어 뒤 것은 결국 앞 것이 형태를 바꾼 것일 따름이라고 해석했다. 그러나 처음과 마지막 단계에서만이 아니라 중간 단계에서도, 모순이 없는 설명이 되어야 한다.

그렇다면 물체가 낙하를 시작하기 전 들어 올려져 최고점에 있을 때의 상태에 대해서는 어떨까? 그때 일은 다 보태진 뒤인데도, 물체는 운동에너지를 전혀 갖고 있지 않다. 그러나 마찬가지로 운동에너지를 갖지 않는다고 해도 들어 올려지기 전, 최저점에 있었을 때와는 달리 낙하하면 중력이 일을 하고, 그 높이에 상응하는 운동에너지를 얻는다는 것은 미리 약속돼 있다.

물체가 최저점까지 낙하했을 때에 갖는 운동에너지는 확실히 낙하에 즈음하여 중력이 하는 일 mgh와 같다. 이 일이 최초에 물체의 상승에 즈음하여 상향의 힘이 중력에 대항해서 한 일, 바꿔 말하면 중력이 한 일과 같다는 것은 말할 나위도 없다.

따라서 중력이 작용하고 있는 공간에서 즉, 중력장 속에서 높은 곳에 위치하는 물체는 중력에 의해 일을 하게 될 가능성을 지니며 따라서 물체는 그 일의 양과 같은 운동에너지를 얻을 가능성을 갖고 있다. 즉 이 물체는 일을 할 능력을 가지고 있는 잠재적인 에너지 mgh를 갖고 있다고 생각해도 된다. 이런 에너지는 중력장에 의한 위치에너지 또는 퍼텐셜에너지라고 부른다.

중력이 작용하고 있는 공간에서 물체를 들어 올리는 것은 고무줄을 당겨 늘이는 것과 비슷하다. 중력의 끈을 당겨 늘인다고 해도 될지 모른다. 고무줄을 당겨 늘였을 때 그 에너지는 고무줄 전체에 축적되는데, 이것을 고무줄 끝의 점의 위치로 대표하게 해 다룬다. 중력장의 경우도 퍼텐셜에너지는 중력이 일을 하는 능력으로서 장에 축적돼 있는 것이며, 그것을 물체에 대표하게 하고 있다.

또 위치에너지는 높이를 어디서부터 재느냐는 기준의 선택 방법에 따라서 그 값이 변한다. 그러나 기준을 어디에다 취하든, 두 점에서의 위치에너지 차는 바뀌지 않는다. 왜냐하면 기준을 바꾸더라도 두 점에서의 위치에너지는, 더불어 같은 값만큼 증감하기 때문이다. 따라서 위치에너지에 대해서는, 두 점 간의 차만큼의 의미를 지녔으며, 위치에너지 제로의 기준점을 어디에다 선택하느냐는 것은 편의상의 문제다.

에너지 보존의 법칙

이렇게 해서 중력장 속에 있는 물체는 낙하하기 전 최고점에 있을 때는 위치에너지만을 갖고, 낙하해서 최저점에 다다르면 운동에너지만을 갖는다. 그리고 이들의 에너지값은 같다는 것을 알았다. 그렇다면 도중의 높이에서는 어떨까?

이를테면 꼭 절반인 높이에 대해 살펴보자. 거기에서의 위치에너지는 분명히, 최고점에서의 값의 2분의 1이다. 운동에너지 또한 거기서는 최저점 값의 2분의 1로 돼 있다. 왜냐하면 속도는 $\frac{1}{\sqrt{2}}$이며, 그 제곱은 1/2이 되기 때문이다. 즉 이 점에 있어서의 운동에너지와 위치에너지를 합한 것은 최고점, 최저점에 있어서의 에너지의 값과 같아져 있다. 그리고 이것은 중간의 어떤 높이의 점에서도 마찬가지로 성립된다는 것이 나타난다.

이렇게 해서 우리는 다음의 결론에 도달한다.

「물체의 운동에너지와 위치에너지의 합은 늘 일정하다.」 이것을 에너지 보존의 법칙이라고 한다. 즉

$$\frac{1}{2}mv^2 + mgz = E : \text{일정} \qquad \cdots\cdots\cdots\cdots\cdots \qquad \langle\text{수식 7-1}\rangle$$

여기서 z는 임의의 점의 높이, v는 그 점에 있어서의 속도,

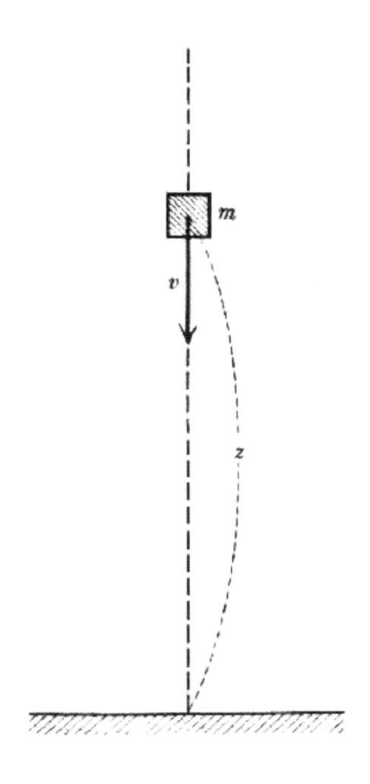

〈그림 77〉 에너지 보존의 법칙

E는 전체 에너지를 나타낸다.

또 운동에너지와 위치에너지를 총칭하여 역학적 에너지라고 부르며, 이 에너지 보존의 법칙도 보다 일반적인 경우와 구별해서 특히 역학적 에너지 보존의 법칙이라고 불릴 때가 있다.

물체가 낙하에 의해 얻은 속력으로 본래의 높이까지 상승하는 것은 위의 논의에서도 분명하듯이 바로 에너지의 보존을 가리키는 것이다.

여기서 일과 에너지의 관계를 정리해 두자. 위치에너지는 낙하에 수반하는 중력의 일을 통해서 운동에너지로 전환되고 또 운동에너지는 상승에 즈음하여 물체가 하는 일을 통해서 위치에너지로 전환된다. 즉 에너지는 일을 통해서 그 형태를 바꾼다. 형태가 바뀌어도 물론 그 총량은 불변한다.

처음에 물체를 들어 올리는 데 했던 일도, 무엇인가 외부의 에너지를 물체의 위치에너지로 바꾸는 역할을 한 것이 된다. 일의 원리가 에너지 보존의 법칙에서 벗어나지 않는다는 것도 분명하다.

이상의 고찰은 모두 중력에 대한 것이지만, 역학적 에너지 보존의 법칙은 상당히 광범한 힘에 대해 성립하는 것이며, 그것이 작용하고 있을 때 이 법칙이 성립되는 힘을 보존력(保存力)이라고 부른다.

일반적으로 보존력에 의한 퍼텐셜에너지를 V로 적고, 운동에너지를 T, 전체 에너지를 E로 표기하면, 역학적 에너지 보존의 법칙은

$$T + V = E \quad \cdots\cdots\cdots\cdots\cdots \quad 〈수식\ 7\text{-}2〉$$

로 표시된다. 〈수식 7-1〉은 이것의 특수한 경우다.

단진동의 원인이 되는 탄성력(彈性力)도 보존력이다. 탄성력으로 작용되는 물체의 위치에너지는 진동의 중심으로부터의 거리의 제곱에 비례하고, 이것과 운동에너지의 합계는 늘 보존되고 있다.

보존력이 아닌 힘의 대표적인 것은 마찰력이다. 마찰력에 저항해서 수평 방향으로 운동하는 물체는 그 운동에너지를 상실해 가는데, 그것에 대응하는 위치에너지를 얻게 되는 것은 아니다. 마찰 때문에 정지해 버린 물체는 이미 일을 할 능력을 갖지 못한다. 이 문제는 나중에 다시 언급하겠다.

에너지와 운동방정식

여기서 일과 에너지의 관계를 뉴턴의 운동방정식으로부터 이끌어 보자.

어떤 속도(v)로 운동하는 어떤 질량(m)의 물체에, 크기가 일정한 힘(f)이 속도와는 반대 방향으로 작용하고, 물체는 힘이 작용한 다음, 어떤 거리(s)를 움직여 정지했다고 하자. 이때 가속도 값(a)도 일정하며, 그 크기는 속도의 변화, 즉 최종 속도(제로)와 초속도(v)의 차(−v)를, 힘이 작용한 시간(t)으로 나눈 (−v/t)와 같다. 따라서 이 경우의 뉴턴의 운동방정식은 〈수식 4-1〉로부터 m(−v/t)=f로 쓰인다.

한편 물체가 힘이 작용하고 있는 동안에 움직인 거리(s)는 등가속도 운동에 대한 〈수식 4-1〉로부터 초속도(v)와, 힘이 작용했던 시간(t)에 의해 $s = \frac{1}{2}vt$로 주어진다.

그래서 이들 두 식을 곱하면,

$$-\frac{1}{2}mv^2 = fs \quad \cdots\cdots\cdots\cdots\cdots \quad \langle 수식\ 7\text{-}3 \rangle$$

가 된다. fs는 힘이 한 일이다. 즉 힘은 물체가 멎기까지 $-\frac{1}{2}mv^2$의 일을 한다. 바꿔 말하면 물체는 힘에 저항해서 $(+\frac{1}{2}mv^2)$의 일을 한다.

결국 에너지에 관한 관계식은 뉴턴의 운동방정식에 공간, 즉 길이를 곱해서 얻어지는 것이며, 아까 4장에서 말한 운동량에 대한 관계식은 뉴턴의 운동방정식에 시간을 곱해서 얻어진다.

또 일이나 에너지의 단위가 힘의 단위에 길이의 단위를 곱한 것이 된다는 것은 명백하다. 보통 사용되는 것은 에르그(erg)=다인×센티미터=그램×(센티미터)^2/(초)^2 또는 줄=뉴턴×미터=10,000,000 에르그(erg)이다.

운동량의 보존과 공간의 균질성

운동량 보존의 법칙이, 공간의 균질성을 표현하고 있다는 것은 4장에서 언급했다. 그것에 대해 시간의 균일성은 에너지 보존의 법칙에 의해 표현된다. 여기서는 앞 것의 증명만을 적어두겠다. 뒤 것도 마찬가지로 증명되지만 상당한 예비지식이 필요하다(『물리학의 재발견(하)』 참조).

지금 상호작용을 하고 있는 두 물체로 이루어지는 계(系)를 생각하자. 공간이 균질이면 위치의 변화는 상대적이어서 관측자(좌표계)에 대해 계가 변위(變位)한 결과는 계에 대해서 관측자(좌표계)가 변위한 결과와 구별할 수가 없다. 관측자(좌표계)의 위치가 바뀌더라도 계의 에너지는 물론 변화하지 않는다. 따라서 계의 위치를 바꿔도 에너지는 변화해서는 안 된다. 따라서 변위에 즈음한 힘이 하는 일의 합은 제로여야 한다. 그리고 이것은 운동의 제3원리에 의해 보증돼 있다. 즉 두 물체 간에는 크기가 같고, 그것들을 맺는 직선을 따라 서로 반대 방향의 힘이 작용하고 있으므로, 이들 두 힘에 의한 일의 합은 제로가 된다. 운동의 제3원리가 운동량 보존의 법칙과 같다는 것은 이미 4장에서 말했다.

그리고 전 우주의 운동량은 보존되는 것이므로, 공간은 모든 부분에 걸쳐 균질이어야 한다.

6장에서 공간의 균질성은 운동 원리의 평행이동에 관한 불변

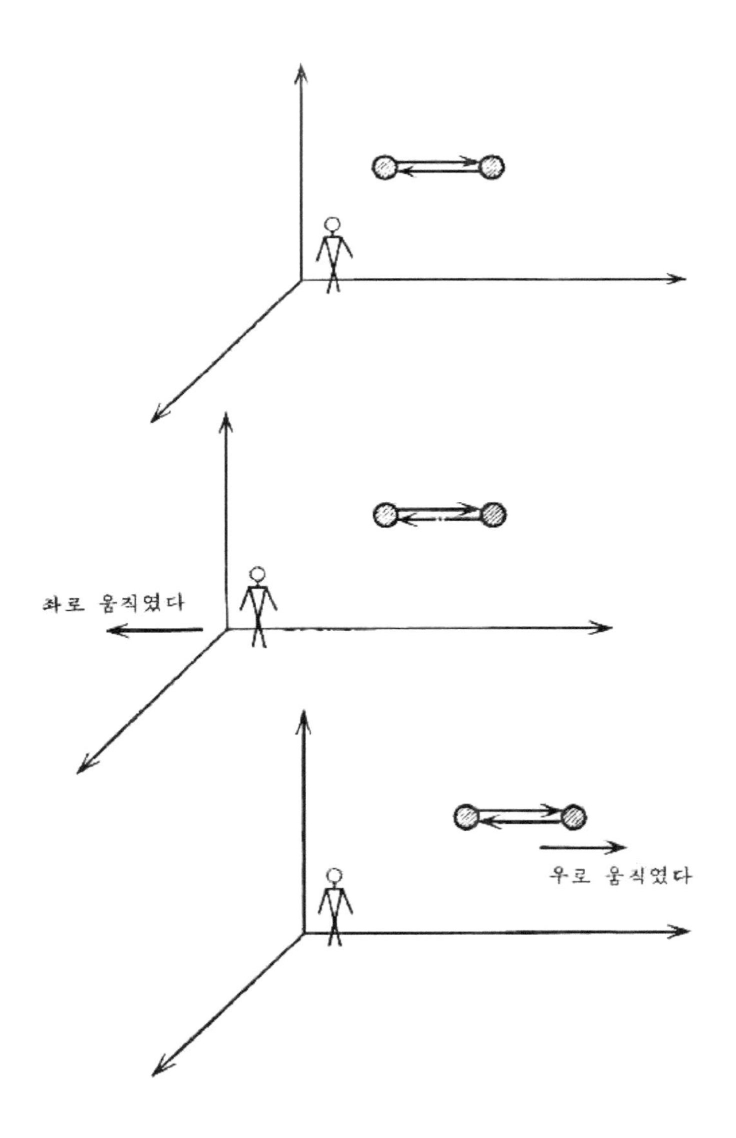

〈그림 78〉 운동량의 보존과 공간의 균질성

성에 의하여, 즉 운동의 원리가 공간의 모든 점에서 성립되는 것으로 표현됐다. 공간의 모든 점에서 운동의 원리가 성립되면 전 우주의 운동량이 보존되기 때문에 이들 두 표현이 같다는 것은 말할 나위도 없다.

또 전 우주의 에너지도 보존되기 때문에, 시간도 늘 균일하게 흐르지 않으면 안 된다.

또 공간의 등방성은 각운동량의 보존에 의하여 표현된다는 것도 덧붙여 두겠다.

베르누이의 정리

또 에너지 보존의 법칙은 유동체나 탄성체에도 쉽게 확장할 수 있다.

유체에 대해서는 운동에너지와 중력에 의한 위치에너지 외에, 압력에 의한 에너지를 덧붙이면 그것들의 합은 보존된다. 이것이 베르누이의 정리라고 불리는 것이다.

탄성체는 외부로부터 일이 가해져서 변형, 즉 왜곡되면 본래로 되돌아가려는 힘인 응력이 생기고, 그것에 의한 일종의 퍼텐셜에너지가 탄성체 내에 축적된다. 이것이 탄성에너지다.

아까 중력에 의한 위치에너지와 관련해서 말한 것처럼 이 탄성력에 작용되는 물체가 갖는 위치에너지는 사실 바로 이 탄성에너지다.

만약 중력과 탄성력의 유추를 더욱 추진해 나간다면 공간은 일종의 탄성체이고, 중력이 작용하고 있는 공간은 그 탄성체가 일그러짐을 갖고 있는 상태라고 할 것이다.

마찰과 저항

그런데 우리 주위에서 일어나는 현상에 대해서는, 에너지가 보존돼 있지 않은 것처럼 보인다. 이를테면 수평면 위를 운동하고 있는 물체도 마찰에 의해 차츰 속도, 따라서 운동에너지를 상실한다. 단진동을 하고 있는 흔들이는 공기의 저항에 의해 차츰 진폭이 작아지고 운동에너지와 위치에너지의 합이 감소돼 간다. 즉 마찰이나 저항은 보존력이 아니고 이것들이 작용하면 역학적 에너지는 보존되지 않는다.

아까 물체의 상승이나 낙하를 고찰했을 때, 물론 공기의 저항은 무시하고 있었고, 매끈한 빗면이라고 말한 것은 마찰이 없다고 가정한다는 뜻이다.

그렇다면 에너지 보존의 법칙은 극히 한정된 조건 아래서밖에 성립되지 않는 것일까?

자세히 관찰하면 역학적 에너지가 상실될 때 자주 열이 발생하는 것을 알아챘다. 위에서 든 거친 면 위를 물체가 운동하고 있을 때, 또 천으로 몸을 문지르거나 줄질을 할 때 또는 쇠망치로 못을 박을 때 등등, 모두 온도가 상승하는 것은 늘 경험하는 바이다.

또 반대로 수증기가 주전자 뚜껑을 들먹이거나 증기기관이나 가솔린 엔진으로 탈것이 가속되거나 할 때, 모두 역학적 에너지가 증대하는 셈인데 이들 일의 원천은 무엇인가. 열과 관계가 있음이 확실하다.

그래서 이런 의문이 일어난다. 일은 열로, 열은 일로 전환되는 것이 아닐까? 이 문제에 대한 검토를 8장에서 하겠다.

8. 열역학

—에너지는 보존되고 엔트로피는 증대한다

불변성의 척도, 변화의 방향성의 척도

전 우주의 에너지는 보존되고, 엔트로피는 증대한다.

엔트로피라는 말은 1865년, 클라우지우스의 논문에서 처음으로 나타난다. 이것은 그리스어의 엔트로페, '……을 향해 변한다'는 뜻의 말에서 만들어졌을 것이다.

열은 언제나 고온에서 저온으로 흐르고, 그 반대가 저절로 일어나는 일은 없다. 역학현상이 원리적으로 역행 가능한 데 비하여, 열이 관여하는 현상은 그 진행 방향이 정해져 있는 것 같이 생각된다. 에너지가 현상의 배후에 있는 불변성의 척도로서 도입됐듯이 변화의 방향성의 척도로서 도입된 것이 엔트로피라는 개념이다.

에너지는 역학현상뿐 아니라 열현상마저 포함해서 불변성의 척도로 그 역할을 다하기 위하여 그 개념이 확장되어야 한다. 그 실마리가 되는 것이 7장 마지막에서 말했듯이 열과 일의 관계일 것이다.

먼저 온도와 열의 개념을 명확히 해 두는 것에서부터 시작하자.

온도의 개념은 어떻게 형성되는가

물체에는 따스하다, 차다는 열적인 상태가 있는 것을 우리는 감각으로 알고 있다. 이 열적 상태를 주관적, 감각적인 것이 아니라 객관적인 수량으로 나타나게 해야 한다. 그러기 위해서는 열적 상태의 변화가 물체에 일으키는 현상, 이를테면 부피의 변화나 전기저항의 변화를 이용하고, 이들의 측정값을 열적 상태에 대응시키면 된다. 이렇게 해서 열적 상태를 나타내는 물리량은 객관적인 것이 되어 온도라고 부른다.

그러나 이것만으로는 온도가 개개 물체에 대해 개별적으로 규정된 것에 머물고, 모든 물체에 공통의 보편적인 개념이 되지는 못한다. 온도를 보편적인 것으로 만들기 위해서는 여러 물체 간에 열적 상태를 비교할 필요가 있다. 만약 두 물체가 접촉하게 되면 찬 것은 따뜻해지고 따뜻한 것은 차게 되어 이윽고 둘은 같은 온도가 돼 변화가 멎는다. 즉 두 물체가 열적인 교섭을 가지면 궁극적으로는 열적인 평형 상태, 즉 열평형 상태(熱平衡狀態)가 되고, 따라서 두 물체는 동일한 열적 상태가 된다. 즉 같은 온도를 갖게 된다.

더구나 물체 A와 B가 열평형에 있고 A와 C가 모두 열평형 상태에 있으면 B와 C 또한 열평형 상태에 있다는 것은 경험으로 알 수 있다. 이것을 열평형의 추이성(趨移性)이라고 한다. 이렇게 해서 우리는 열평형을 이용하여 개별적인 온도를 조정하고 보편적인 온도의 개념을 확립할 수 있다.

이상의 논의는 온도 측정의 구체적인 방법도 가리키고 있다. 온도를 재는 자는 온도계다. 온도계를 재려는 물체에 접촉시켜 열평형에 다다랐을 때 온도계의 온도가 바로 그 물체의 온도다. 물론 그러기 위해서 온도계는 재려는 물체의 열적 상태를 변화시키지 않게 충분히 작게 하여야 한다. 또 둘 이상의 물체의 온도를 비교하는 데도 열평형의 추이성에 따라 온도계를 중개로 하면 되고, 직접 접촉시킬 필요는 없다.

그리고 온도계는 수은의 부피나 백금의 전기저항 등을 측정하여 그 값을 온도에 대응시킨다.

온도의 단위로는 1기압 아래서, 융해 중인 얼음의 온도를 0°C, 끓는 수증기의 온도를 100°C로 하고, 그 사이를 100등

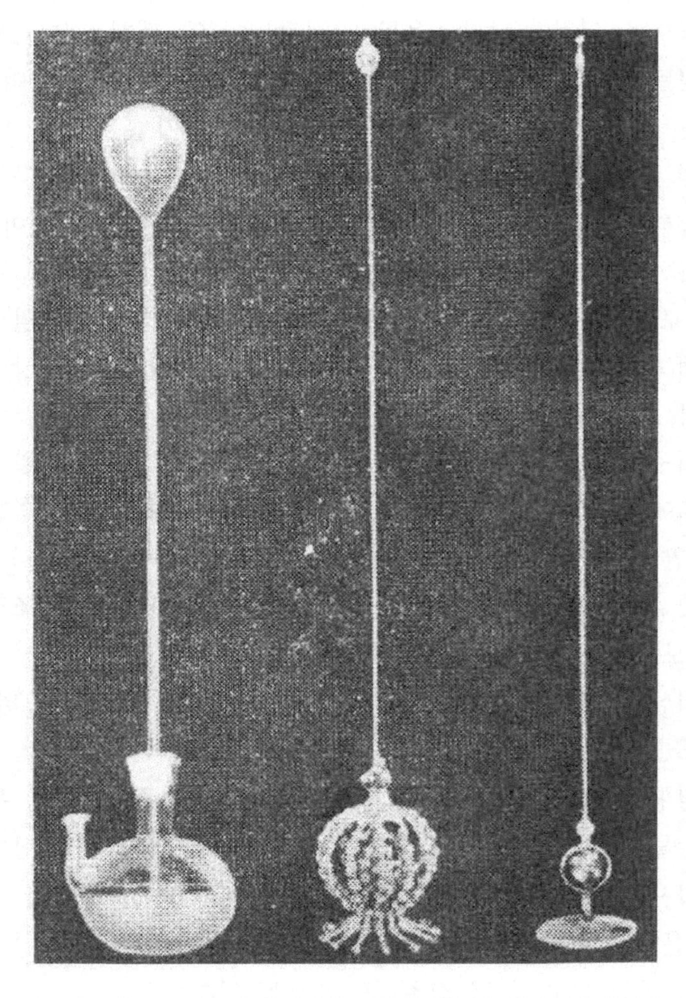

〈그림 79〉 갈릴레오의 온도계와 아카데미아 델 치멘토의 온도계

분한 섭씨 눈금이 많이 사용된다. 섭씨 눈금은 기호 C로 표시된다.

또 −273°C를 0°로 하고, 섭씨 눈금을 사용한 온도를 절대온

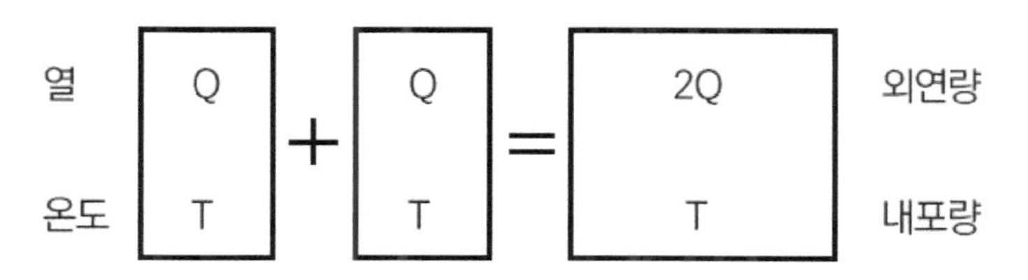

〈그림 80〉 온도와 열, 내포량과 외연량

도라고 한다. 절대온도는 기호 K를 붙여서 나타낸다.
이를테면 0°C는 273°K이다. 절대온도의 물리적 의미에 대해서는 나중에 다시 언급하겠다.

내포량과 외연량

그런데 열현상의 기술(記述)은 온도만으로는 충분하지 못한 것 같다. 이를테면 2ℓ의 더운 물이 눈을 녹이는 능력은 같은 온도의 1ℓ의 더운 물의 2배라는 것을 우리는 잘 알고 있다. 또 같은 질량 또는 같은 부피의 구리와 납을 같은 고온으로 가열하고, 이것들을 각각 같은 온도, 같은 양의 물에 던져 넣어도 열평형에 다다랐을 때의 온도는 서로 같지가 않다. 즉 등온, 등량의 구리와 납은 물을 가열하는 능력을 달리하는 것이 된다. 이렇게 해서 열현상의 기술에는 온도 외에, 새로이 물리량을 도입해야 한다는 것을 안다. 이 물리량이 열이라고 불린다.

다시 한 번, 더운 물로 눈을 녹이는 예를 생각해 보자. 1ℓ의 더운 물에 그것과 같은 온도의 1ℓ의 더운 물을 보태더라도, 이 2ℓ의 더운 물은 역시 본래와 같은 온도이지만, 눈을 녹이는 능력은 합산되어 2배로 증대한다. 즉 온도는 물체를 더

하더라도 보태지지 않은 양이며, 그것에 대해 열은 물체를 더 하면 보태지는 양이다. 앞 것과 같은 물리량을 내포량(內包量) 또는 강도적(强度的)인 양이라고 하고, 뒤 것과 같은 물리량을 외연량(外延量) 또는 용량적인 양이라고 한다.

이를테면 속도, 가속도, 압력 등은 내포량이고 질량, 부피 등은 외연량이다. 뉴턴의 운동방정식은 내포량인 가속도와 외연량인 질량의 외력(外力)을 매개로 하는 관계식이라고 볼 수 있는 것처럼, 내포량인 온도와 외연량인 열의 관계가 열학(熱學)의 기초를 형성한다.

비열

그런데 온도가 다른 두 물체를 접촉 또는 혼잡시키면 그것들의 중간 온도에서 열평형에 다다르는데, 이것은 고온 물체가 열을 상실하여 온도가 내려가고, 저온 물체가 열을 얻어 온도가 올라갔다고 해석될 것이다. 즉 열은 고온 물체로부터 저온 물체로 이동한 것이며, 전체의 열의 양은 보존된다고 가정할 수 있다.

그때 열량의 증대와 그것에 수반하는 물체의 온도 상승은 비례한다고 보아도 되나, 같은 열량이라도 물체에 따라 그 온도 변화가 달라진다고 해야 한다. 물체의 온도를 1℃ 상승시키는 데에 필요한 열량을 그 물체의 열용량이라고 부르기로 하자. 그러면,

$$Q = C(T_2 - T_1) \quad \cdots\cdots\cdots\cdots\cdots \quad \langle 수식\ 8\text{-}1 \rangle$$

로 나타낼 수 있다. 여기서 Q는 열량, $T_2 - T_1$은 상승 온도, C

는 열용량이다.

또 열용량은 질량에 비례하고, 1g당 열용량을 그 물질의 비열(比熱)이라고 한다. 즉

$$C = mc \quad \cdots\cdots\cdots\cdots\cdots \quad \langle\text{수식 8-2}\rangle$$

이다. 여기서 C는 열용량, c는 비열, m은 질량이다.

그래서 열의 단위로서는 비열 1인 물질 1g의 온도를 1℃ 올리는 데 요하는 열량을 취하면 된다. 어떤 물질의 비열을 1로 선택하느냐는 것은 임의이며, 열의 단위는 그 선택 방법에 의존한다. 편의상 물을 표준으로 선택하여 그 비열을 1로 한다. 엄밀하게 말하면 비열도 온도에 의존하므로 14.5℃의 물 1g을 1℃ 높이는 데 필요한 열량을 단위로 선택하고, 이것을 1cal(칼로리), 그 1,000배를 1kcal(킬로칼로리) 또는 1Cal(큰 칼로리)라고 부른다. 이것은 라틴어의 열, 칼로르(calor)에 유래한다.

또 지금까지 논의를 간단하게 하기 위해 상(相)의 변화는 고려하지 않았다. 즉 물체는 기체, 액체, 고체의 어느 상태에 머물고 증발, 액화(液化), 융해, 응고, 승화(昇華) 따위는 일어나지 않는 것으로 해 왔다. 그러나 상의 변화에 즈음해서 온도는 변화하지 않는데도 열이 흡수, 방출된다. 이런 열은 잠열(潛熱)이라고 부른다.

이를테면 0℃의 얼음 1g이 같은 온도의 물이 될 때 80cal의 열을 흡수하고, 반대로 0℃의 물 1g은 80cal의 열을 방출하여 같은 온도의 얼음이 된다. 또 100℃, 1g의 물과 수증기 사이의 잠열은 540cal이다.

상대방정식—보일-샤를의 법칙

그런데 열과 일의 관계를 중심으로 하여, 열현상을 논하는 물리학 부문을 열역학(熱力學)이라고 한다.

물체의 역학적 상태는 위치와 속도로 표시되는데, 열역학적 상태는 부피, 압력이라는 역학적인 양과, 온도라는 역학적인 양으로 표시된다. 더구나 이들 부피, 압력, 온도 사이에는 하나의 관계식이 존재하며 그것은 상태방정식(狀態方程式)이라고 부른다.

이를테면 「기체의 부피(V)는 압력(p)에 반비례하고, 절대온도(T)에 비례한다.」

즉,

$$\frac{pV}{T} = 일정 \quad \cdots\cdots\cdots\cdots\cdots \quad 〈수식\ 8\text{-}3〉$$

이것을 보일-샤를의 법칙이라 하며 이미 잘 알려져 있다.

이 법칙은 현실의 기체에 대해서 그대로 성립되는 것은 아니고, 오히려 이 상태방정식을 좇는 기체를 이상적인 극한(極限)이라고 생각하여 이상기체(理想氣休)라고 부르고 있다.

일반적으로 부피, 압력, 온도 사이에는 하나의 상태방정식이 성립돼 있으므로, 이들 셋 중에서 독립적인 양은 둘밖에 없다. 따라서 열학적 상태는 부피와 온도 또는 압력과 온도 따위처럼 하나의 역학적인 양과 하나의 열학적인 양에 의해 기술된다.

원인과 결과의 연쇄

그런데 7장에서 고찰한 것처럼 마찰과 저항이 없는 이상적인 조건 아래에서 역학적 에너지는 보존된다. 그러나 현실적으로는 마찰이나 저항이 작용하고, 역학적 에너지는 보존되지 않고 감소돼 간다. 이를테면 거친 수평면 위를 운동하는 물체는 마찰력에 저항해서 일을 하고 차츰차츰 그 운동에너지를 상실하여 결국은 정지한다. 이때 역학적 에너지는 그저 소멸될 뿐일까?

일반적으로 어떤 원인도 양적으로는 그것에 해당하는 양의 결과를 이끄는 것이며, 더 많은 결과도 더 적은 결과도 생기지 않는다. 모든 현상은 원인, 결과라는 사슬로 이어져 있지만 이 인과(因果)의 연쇄에는 증감도 감쇠도 있을 수 없고, 따라서 늘 불변의 그 무엇이 존재해야 한다.

우선 첫째로,

「물질은 불생불멸이며, 어떠한 변화를 받아도 그 양은 바뀌지 않는다」

고 가정해도 된다. 이것을 질량 보존(質量保存)의 원리라고 부르기로 하자. 실제로 질량은 온도나 압력을 바꾸어도 변하지 않으며, 화학적 변화에서도 보존된다. 뒤 것은 라부아지에에 의한 질량 보존의 법칙으로서 알려져 있다.

질적인 변화 속에 양적인 불변성이 발견된다.

그렇다면 역학적 에너지도 설령, 마찰과 저항이 있더라도 단순히 소멸되는 것이 아니라 다른 무엇인가로 형태를 바꾸어 전체로서는 보존돼 있다고 생각할 수 없을까?

다시 한 번 거친 수평면 위를 운동하는 물체의 예를 들면 물체가 일을 하여 운동에너지가 감소됨에 수반하여 물체나 그것에 접촉된 수평면의 온도가 높아지는, 즉 열이 발생하는 것이 관찰될 것이다.

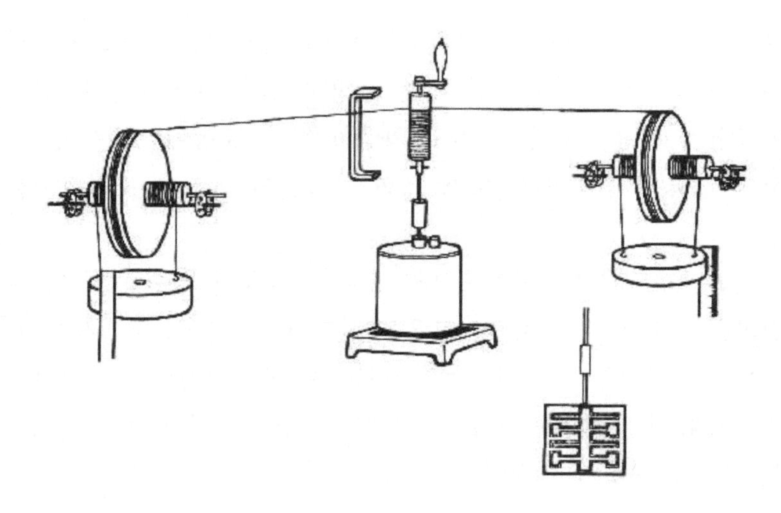

〈그림 81〉 줄의 실험

또 반대로 수증기가 주전자 뚜껑을 들먹이게 하는 것도 열이 역학적 일의 근원인 것을 시사하는 것이다.

일은 열로, 열은 일로 서로 전환되는 것이 아닐까? 만약 그렇다면 열의 얼마만 한 양이 일의 얼마만 한 양에 대응하는지, 열과 일 사이에 양적인 관계가 존재할 것이다.

열역학의 제1원리

열과 일의 양적인 관계는, 여러 가지 방법에 따라 얻어진다. 그 대표적인 예는 〈그림 81〉처럼, 추의 낙하에 의해 물속의 회전날개를 돌려 물의 저항으로 열을 발생하게 하는 것이다. 추의 위치에너지 감소는 중력이 한 일과 같고, 이것을 물의 온도 상승과 비교하면 된다. 이렇게 해서 우리는 열(Q)과 일(W)이 서로 비례하는 것을 발견한다.

$$W = JQ$$ …………… 〈수식 8-4〉

여기서 비례상수(J)는 열의 일당량이라고 부르고, 그 값은 일을 줄, 열을 칼로리로 측정하면,

$$J = 4.2\text{줄}/\text{cal}$$ …………… 〈수식 8-5〉

가 주어진다. 즉 1cal의 열은 4.2줄의 일에 해당한다.

즉 열과 일은 각각 다른 단위로 재지만, 본질적으로는 같은 것이어서 서로 어떻게 환산하면 되는지 〈수식 8-4〉로 주어진다. 미터와 자 사이의 환산이나 원, 엔(円), 달러 등의 통화 사이의 환산을 생각하면 된다.

이렇게 해서 열도 에너지의 한 형태라고 볼 수 있다. 그때 이것을 내부 에너지라고 부른다. 그리고 열이라는 말은 일이라는 말과 마찬가지로 주로 에너지 이동의 형식으로서 사용된다.

즉,

「계의 전체 에너지는, 역학적 에너지와 내부 에너지의 합으로 주어지고, 그 증가는 외계로부터 계에 작용되는 일과, 흘러드는 열의 합과 같고, 그 감소는 계가 외계에 대해서 하는 일과, 흘러 나가는 열의 합계와 같다.」

열역학에서는 역학적 에너지를 제외하고 논의하는 경우가 많다. 그때는,

「계의 내부 에너지의 변화는 드나드는 일과 열의 합계와 같다.」

즉,

$$U_2 - U_1 = JQ + W$$ …………… 〈수식 8-6〉

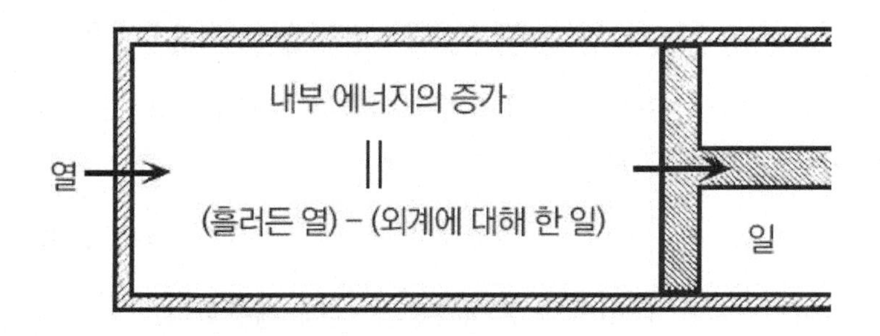

〈그림 82〉 열, 일, 내부 에너지

여기서 U_2-U_1은 내부 에너지의 변화, Q는 계로 흘러드는 열, W는 계에 작용하는 일, J는 열의 일당량이다.

이것을 열역학의 제1원리라고 한다.

이를테면 물체에 열이 흘러들어 온도가 상승하고 팽창했다고 하면 물체는 외계에 대해 일을 하므로, 물체의 내부 에너지는 흘러든 열과 외계에 대해서 한 일과의 차만큼 증가한다.

따라서,

「만약 어떤 계가 외계로부터 고립돼 있고, 외계와 일이나 열의 주고받음이 없으면 이 계의 에너지는 보존된다.」

즉,

$$T + V + U = E : \text{일정} \quad \cdots\cdots\cdots\cdots\cdots \quad \langle\text{수식 8-7}\rangle$$

여기서 T, V, U, E는 각각 운동에너지, 위치에너지, 내부 에너지, 전체 에너지를 나타낸다.

즉 열역학의 제1원리는 에너지 보존의 법칙을, 역학현상뿐 아니라, 열현상까지도 포함하게끔 확장한 것이다.

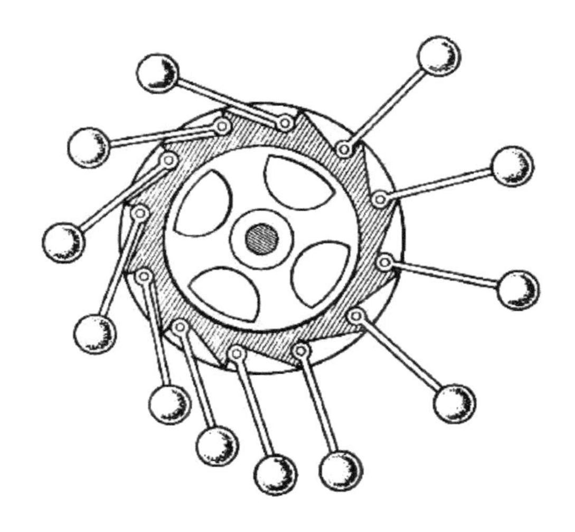

〈그림 83〉 제1종 영구기관?

열역학의 제1원리는 1840년에 마이어, 줄, 헬름홀츠에 의해 확립됐다.

제1종 영구기관

그런데 열역학의 건설은 산업의 발달에 수반하는 동력(動力)의 수요가 그 계기가 됐다. 따라서 열기관이 중요한 테마가 된다. 열기관이라는 것은 증기기관이나 증기터빈처럼 같은 프로세스를 반복하면서, 즉 순환 과정에 의해 열을 일로 바꾸는 장치다.

거기서 가장 바람직한 열기관은, 외부로부터 아무런 에너지가 주어지지 않아도 일을 할 수 있는 것이다. 이런 열기관을 제1종 영구기관(永久機關)이라고 부른다.

그리고 열역학의 제1원리는 「제1종 영구기관은 불가능하다」

라는 것을 언명하고 있다.

제1종 영구기관에 대해서는 오래전부터 여러 가지 고안이 있었다. 그 하나를 〈그림 83〉에 보였다. 바퀴 가장자리에는 끝에 추를 단 자유로이 움직이는 막대가 달려 있다. 바뀌가 어떤 위치를 취하든지 오른쪽에 와 있는 추는 왼쪽에 와 있는 추보다 바퀴 중심으로부터 멀리에 있다. 따라서 늘 오른쪽 절반이 아래로 움직여 바퀴를 회전시킨다. 이 논의의 어디에 잘못이 있는지는 좌우로 오는 추의 수를 비교해 보면 알 것이다.

물을 마시는 장난감 새도 영구기관은 아니다. 공기로부터 새의 몸통으로 흡수된 열이 에테르의 증발과 액화에 의해 물로 냉각된 머리로 흘러가서 물의 증방열이 되고, 또 그 일부분이 새를 움직이게 하는 일로 바뀐다. 이것도 일종의 열기관이다.

에너지 항존의 원리

그런데 열역학의 제1원리는 에너지 보존의 법칙을 역학현상뿐 아니라 열현상까지도 포함하게끔 확장한 것인데, 다시 그 범위를 확장해서

「모든 자연현상을 통해서, 에너지의 합계는 늘 일정하다」

라고 가정하자. 이것이 에너지 항존의 원리다.

『물리학의 재발견(하)』에서 말하겠지만, 특수 상대성이론(特殊相對性理論)에 따르면, 질량도 에너지의 한 형태라고 생각되고, 질량 항존의 원리도 에너지 항존의 원리에 포함된다.

에너지 항존의 원리는 현재 모든 현상에 대해 엄밀하게 성립된다고 여겨지고 있지만, 의문을 가졌던 적이 없던 것은 아니

다. 그것은 원자핵의 베타(β)붕괴에 대해서였다.

실험에 따르면 β붕괴에 있어서 붕괴 전의 어미원자핵이 같은 것이고 붕괴 후의 딸원자핵이 같은 것이더라도 방출되는 전자(電子)의 속도, 따라서 그 운동에너지는 일정하지가 않으며, 어떤 최댓값으로부터 제로까지 연속적으로 모든 값을 지니고 있다. 전자의 운동에너지가 최댓값인 때, 확실히 에너지가 보존되고 있으므로 그 이외의 값도 취할 수 있다는 것은 에너지의 보존이 깨져 있다는 것을 가리키는 듯이 보인다.

그러나 이렇게 생각하면 어떨까? β붕괴에 즈음해서는 전자와 동시에 또 하나의 소립자가 방출되고, 각각의 운동에너지는 여러 가지로 값을 취하더라도 그것들의 합은 늘 일정한 값으로 돼 있다. 다만 이 소립자는 다른 소립자와 상호작용을 하는 힘이 약하고, 검출되기 어려울 것이라고 말이다.

이러한 소립자의 존재는, 나중에 가서 실험적으로 확인됐다. 전기적으로 중성이고, 질량도 제로라고 생각되는 이 소립자는 중성미자(뉴트리노)라고 불리고 있다.

열역학의 제2원리

열역학의 제1원리는 열과 일이 서로 전환되며 그때 그것들 사이에 어떠한 수량적인 관계가 있느냐에 대해 말하고 있는데, 이 전환 과정에 대해서는 아무 설명이 없다. 다음 문제는 열과 일 사이의 전환 과정이 어떻게 행해지느냐는 것이다.

지금 조리대 위에 그것과 열평형에 있는 물을 담은 주전자가 얹혀 있다고 하자. 그때 열이 저절로 조리대에서 물로 이동하고, 물이 끓어서 뚜껑을 들썩이게 하는 일은 결코 일어나지 않

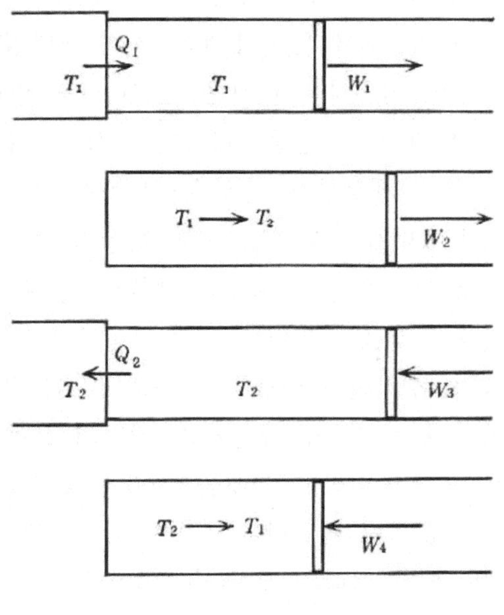

〈그림 84〉 열기관

는다. 열이 일을 시키는 데는 불을 피우는 등 무엇인가 주위보다 고온인 부분을 만들어낼 필요가 있다는 것을 우리는 알고 있다.

열을 일로 전환하는 장치에 열기관이 있다. 증기기관이나 가솔린 엔진 등의 내연기관, 증기터빈, 가스터빈, 터보제트 등이 그것이다. 열기관은 고온 물체로부터 열을 흡수하여 그 일부분을 일로 바꾸고, 나머지를 저온 물체로 방출하는 과정을 반복한다. 그리고 고온 물체로부터 흡수되는 열량 중 얼마만 한 부분이 일로 전환될 수 있는지에 대한 비율을 그 열기관의 효율(效率)이라고 한다.

즉 열은 평형 상태에서는 일로 전환되는 일이 없고, 열이 일을 하게 하기 위해서는 고온에서 저온으로의 열의 흐름을 만들 필요가 있는 것처럼 생각된다.

이 사정을 이론적으로 기초 짓는 것이 열역학의 제2원리다. 즉,

「열이 저절로 저온에서 고온으로 이동하는 일은 없다」

여기서 저절로라는 것은, 달리 어떠한 변화도 남기지 않는다는 뜻이다.

그렇다면 이 열역학의 제2원리가, 어째서 열과 일 사이의 전환에 대해 설명하는 것이 될까?

만약 열이 다른 어떠한 변화도 남기지 않고 외부에 대해 일을 하거나, 외부로부터 일이 작용되지 않고 저온 물체로부터 고온 물체로 이동할 수 있었다고 하자. 그때 이 과정에 이어 열기관을 사용하여 이동한 열량과 똑같은 양의 열량을 고온 물체로부터 흡수하여, 그 일부분을 일로 전환하고 나머지를 저온 물체로 방출시킨다고 하자. 그 결과 고온 물체에서는 계산 결과의 차액열의 드나듦이 없고, 저온 물체에서는 나머지 차액만큼의 열이 흡수돼 그것이 모두 일로 전환한 것이 된다.

즉 열역학의 제2원리에서 금지돼 있는 과정이 허용된다면, 한 열원으로부터 열을 취해서 이것을 모조리 일로 전환시키는 과정도 허용된다. 즉 열이 저절로 저온에서 고온으로 옮아갈 수 없다면, 열원으로부터 열을 취해서 이것을 일로 전환할 뿐 달리 어떠한 변화도 남기지 않을 만한 주기적으로 작업을 하는 열기관도 있을 수 없다는 것이 된다. 그 반대도 증명할 수 있다.

따라서 열역학의 제2원리는 다음과 같이 표현해도 된다.

「열원으로부터 열을 취해서 이것을 일로 전환할 뿐, 달리 어떠한 변화도 남기지 않을 만한 주기적으로 작업하는 열기관은 존재할 수 없다.」

열역학의 제2원리는, 카르노의 열기관에 대한 연구를 기초로 하여 1850년부터 1860년대에 걸쳐 클라우지우스, 윌리엄 톰슨(켈빈 경)에 의해 확립됐다.

제2종 영구기관

제1종 영구기관, 즉 외부에서 에너지가 주어지지 않더라도 일을 할 수 있는 기관이 불가능할 때, 다음으로 바람직한 기관은 열원으로부터 열을 취해서 이것을 모조리 일로 전환하는 기관, 즉 효율 1 또는 100%의 기관이다. 이것은 제2종 영구기관이라 불린다. 그리고 열역학의 제2원리는 「제2종 영구기관이 불가능하다」는 것을 주장한다.

만약 한 열원으로부터 열을 취해서, 이것을 모조리 일로 전환할 수 있다면, 바닷물 온도를 1℃만 내리게 해도 막대한 일을 할 수 있게 된다.

전기냉장고나 쿨러는 열을 저온으로부터 고온으로 이동하기 위해 외부에서 전기에너지를 주어 프레온(Freon) 가스를 압축하는 일을 하고 있다. 이 일과 냉장고 속으로부터 빼앗은 열량의 합계가 방열판에서 방출되는 열량과 같다.

또 열기관의 효율은 증기기관에서는 보통 12% 이하이고, 가솔린 엔진에서는 20~30%, 증기터빈에서는 45% 정도로 올릴 수 있다.

참고로 여기서 일률, 또는 공률(工率)이라는 말을 설명해 두겠다. 이것은 시간당 일로서 단위로는 와트가 사용되며 1와트=1줄/초이다. 또 마력(馬力)이라는 단위도 사용되며, 1마력=0.75kW이다. 그리고 1kW의 일률로 1시간에 하는 일의 양을 1kWH(킬로와트시)라고 부른다.

가역현상과 비가역현상

열역학의 제2원리는 또 다음과 같이도 표현된다.

「고온에서 저온으로 열이 이동하고, 달리 어떠한 변화도 남기지 않는 과정은 비가역(非可逆)이다」

달리 어떠한 변화도 남기지 않고 반대 방향으로 진행할 수 있는 현상을 가역현상, 그것이 불가능한 현상을 비가역현상이라고 한다.

「일이 열로 전환되고, 달리 어떠한 변화도 남기지 않는 과정은 비가역이다.」

열역학의 제2원리는 이렇게도 표현할 수 있다.

비가역현상의 다른 예로는 기체의 확산을 들 수 있다. 그릇을 두 부분으로 나눠 칸막이를 하고, 한쪽에 기체를 넣고 다른 쪽을 진공으로 하여 그 칸막이에 구멍을 뚫으면 기체는 그릇 전체로 퍼진다. 그러나 확산한 기체가 저절로 칸막이 한쪽에 몰리는 일은 결코 일어나지 않는다(그림 85).

잉크를 물에 떨어뜨렸을 때도 그러하다. 잉크는 전체로 번져 균일하게 퍼지지만 퍼진 잉크는 언제까지고 균일한 농도를 가

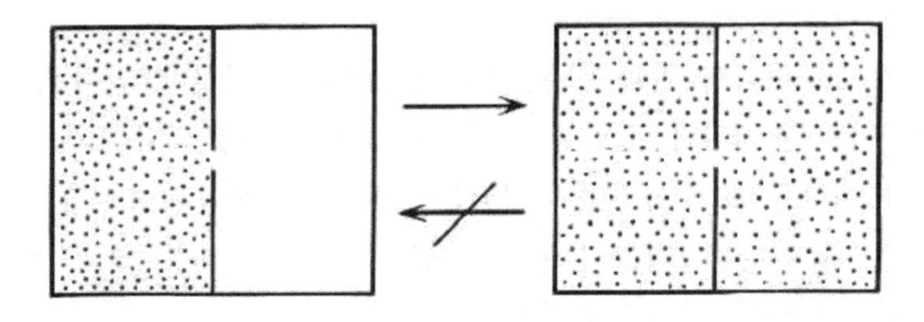

〈그림 85〉 기체의 확산

졌지, 어디가 특히 진하지 않다.

역학현상이 원리적으로 가역이라는 것은 2장, 6장 등에서 여러 번 말했다. 어떤 운동이든 어떠한 변화도 주지 않고 역행시킬 수 있다. 이를테면 날아온 공이 벽이나 지면에 수직으로 부딪치거나, 완전한 탄성충돌을 하면 먼젓번과 꼭 정반대의 운동을 한다. 흔들이의 운동도 그러한 전형적인 예다.

그러나 역학현상도 마찰이나 저항이 있으면 비가역이 된다. 거친 수평면 위를 운동하는 물체는 마찰에 의해 속도를 잃고 이윽고 정지하는데, 반대로 정지해 있는 물체가 주위로부터 열을 취해서 저절로 움직이기 시작하는 일은 없다. 흔들이의 운동도 공기의 저항이 있으면 차츰 감소하는데, 반대로 저절로 증폭되는 일은 없다.

엔트로피

이렇게 열현상은 그 진행하는 방향이 일정하며, 이 점에서 역학현상과는 본질적으로 다르다. 따라서 열현상에 있어서 이 방향성, 비가역성을 정량적으로 나타낼 필요가 생긴다. 즉 모든 과정을 통해서 비가역성이 어느 정도로 진행되고 있느냐를 나

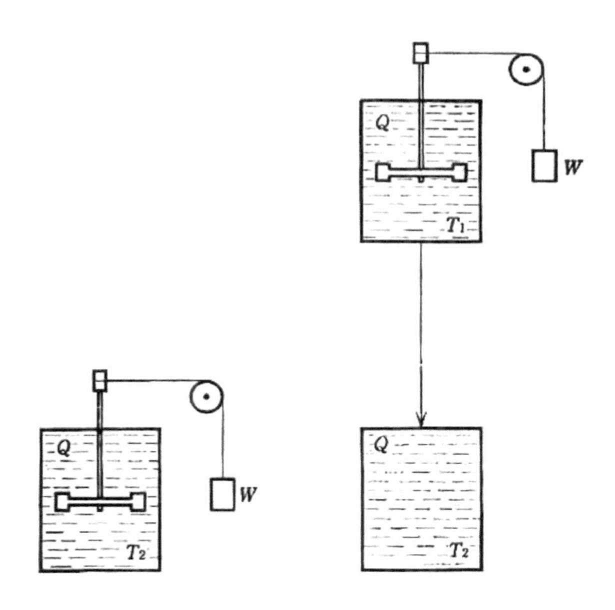

〈그림 86〉 엔트로피의 도입

타낼 척도가 있어야 한다.

그래서 다음과 같은 고찰을 해 보자. 지금 고온(T_1)의 물체와 저온(T_2)의 물체가 있고, 먼저 추의 낙하에 의해 고온 물체에 열(Q)을 주고 다시 이 열을 전도(傳導)에 의해 고스란히 저온 물체에다 줄 경우와, 한편 역시 추의 일에 의해 같은 양의 열을 직접 저온 물체에 주는 경우를 비교한다. 단, 열의 드나듦에 의한 온도의 변화는 무시할 수 있다고 하자.

물론 이들 세 과정은 모두가 비가역이다. 즉 같은 처음 상태와 마지막 상태 사이를 한쪽은 두 가지 비가역 과정의 연속에 의해서, 다른 쪽은 한 비가역 과정에만 의해서 연결된다. 따라서 고온 물체에 열이 흘러드는 과정보다도 저온 물체에 같은

〈표 2〉

	내포량	외연량	(내포량)×(외연량)
역학적인 양	압력(P)	부피(V)	P×V=W 일
열학적인 양	온도(T)	엔트로피	T×S=Q

양의 열이 흘러드는 과정이 비가역성이 진행되고 있는 정도가 크다.

그리고 이들 두 과정에 나타나는 물리량은, 열(Q)과 온도 T_1, T_2이다. 그래서 Q/T_1과 Q/T_2를 비교하면, $T_1 > T_2$이므로 $Q/T_1 < Q/T_2$가 되어 비가역성의 진행도의, 고온 과정과 저온 과정에 있어서의 다소 관계와 일치한다.

이렇게 해서 우리는 비가역성의 척도가 되는 물리량을 발견할 수 있었다. 이 물리량을 엔트로피라고 부르기로 한다.

엔트로피는 다음과 같이 측정된다. 어떤 온도(T)의 물체에 열(Q)이 들어가고, 그때 온도의 변화를 무시할 수 있다면 그 엔트로피(S)는 Q/T만큼 증대한다.

그런데 체계의 열역학적 상태는 부피, 압력, 온도 등으로 표시된다는 것을 아까 말했다. 그러나 이들 세 물리량 사이에는 두 가지 뜻에서 대칭성이 결여돼 있다. 두 역학적인 양, 부피와 압력에 대해 오직 하나의 열학적인 양인 온도, 거기에다 두 내포량인 압력과 온도에 대해 외연량은 오직 부피뿐이다. 따라서 열학적인 외연량의 존재가 예상된다. 그리고 엔트로피가 바로 그런 물리량에 해당한다.

또 일(W)이 내포량인 압력(p)과 외연량인 부피(V)를 곱한 값으로서 주어지듯이, 내포량의 온도(T)와 외연량의 엔트로피(S)를 곱한 값은 열량(Q)을 준다는 것을 알 수 있다(표 2).

또 엔트로피의 단위에는 cal/도 또는 줄/도가 사용된다.

전 우주의 엔트로피는 증대한다

외계와 일의 형태로서의 에너지를 주고받을 수는 있어도, 열의 형태로서의 수수가 없는 체계를 단열계(斷熱系)라고 한다. 단열계에서도 비가역 과정이 일어나면 그 엔트로피는 증대한다. 가역 과정에서는 물론 엔트로피에 변화가 없다.

이를테면 지금, 고온(T_1)의 물체로부터 저온(T_2)의 물체로 열(Q)이 흘렀다면 이것은 여러 번 말했듯이 비가역현상이지만, 그 엔트로피의 변화(ΔS)는,

$$\Delta S = \left(\frac{-Q}{T_1}+\frac{Q}{T_2}\right) = Q\left(\frac{1}{T_2}-\frac{1}{T_1}\right) > 0 \quad \cdots\cdots\cdots\cdots\cdots 〈수식\ 8\text{-}8〉$$

가 되어($T_1>T_2$) 확실히 증대한다.

기체의 확산이나 마찰에 의한 고체의 온도 상승 등에 대해서도 마찬가지로 계산하면 각각 기체의 부피가 커지면 커질수록, 고체의 온도가 높아지면 높아질수록 엔트로피도 늘어나는 것을 안다.

가역 과정에서도 열의 드나듦이 있으면 엔트로피가 변화한다. 이를테면 고온(T_1)의 열원으로부터 열(Q_1)을 흡수하여 그 일부분을 일로 바꾸고, 나머지 열(Q_2)을 저온(T_2)의 열원으로 방출하는 가역적인 열기관을 생각해 보자. 열원과 열기관 사이에 열이 흡수, 방출되는 가역 과정에 의해, 고온열원의 엔트로피는 Q_1/T_1로 감소하고, 저온열원의 엔트로피는 Q_2/T_2로 증가한다. 그러나 전체로서는

$$\Delta S = \frac{-Q_1}{T_1} + \frac{Q_2}{T_2} = 0 \quad \cdots\cdots\cdots\cdots\cdots \quad \langle \text{수식 } 8\text{-}9 \rangle$$

가 되어, 엔트로피는 변하지 않는다.

가역 과정에서 엔트로피의 전달은 있어도 생성은 없다. 그래서 전 우주를 하나의 열역학계라고 본다면 이것은 고립된 체계이다. 따라서,

「전 우주의 엔트로피는 늘 증대한다.」

이것도 열역학의 제2원리의 한 표현이다.

시간의 흐름의 방향

그런데 2장이나 6장에서 논했듯이, 역학현상은 시간반전에 관해 대칭이었다. 따라서 역학현상만으로는 시간의 흐름의 방향을 결정할 수 없다.

그러나 열현상은, 시간과 더불어 그것이 진행하는 방향이 일정하며, 시간의 방향을 반대로 하면 본래의 세계에서는 일어나지 않는 현상이 일어난다. 즉 시간반전에 관해서 대칭이 아니다. 따라서 열현상에 의해 시간의 흐름의 방향을 결정할 수 있다. 즉 고립계(孤立系)의 엔트로피가 증대하는 방향을 시간의 흐름의 방향으로 정하는 것이다.

이상 8장에서는 부피, 압력, 온도, 엔트로피, 내부 에너지 등, 직접 관측이 가능한 물리량만을 써서 열현상을 다루었다. 그러나 열이란 대체 무엇일까? 열의 본성을 추구하려면 필연적으로 물질의 구조까지 파고 들어가지 않을 수 없다. 이것이 다음 9장에서의 과제다.

9. 기체 분자운동

―개개 구성요소의 무질서한 운동이 집단으로서의 질서를 가져온다

자연은 역학한다

열이란 무엇인가. 열역학의 제1원리가 말하듯이, 열이 일과 동등한 것이라면 열의 본성도 역학적으로 설명되지 않을까?

게다가 역학의 이론체계로서의 완벽성, 천문학에 있어서의 그 멋진 성과는 열현상은 물론, 모든 자연현상이 역학에 의해 설명되는 것이 아닌가 하는 예상을 품게 한다.

또 열역학은 열도 에너지의 한 형태로 보고 부피, 압력, 온도, 엔트로피, 내부 에너지라는 직접 관측에 걸려드는 거시적인 양만을 사용하여 현상을 다룬다. 그러나 더 깊이 열의 본성을 추구해 가면, 필연적으로 그 테두리를 넘어 물질의 구조에까지 들어가게 된다.

그렇다면 물질구조의 역학적인 이미지란 어떤 것일까? 그것은 공허한 공간과 그 속을 운동하는 수많은 입자다. 그리고 그들 사이에는 세기가 거리에만 의존하는 인력 또는 반발력이 작용하고 있다.

뉴턴의 원자와 수학적인 공간이란 이미 3장에서 말한 바 있지만, 바로 역학적 자연상(自然像)이라고 할 수 있다.

원자론은 물질의 불연속성에 토대를 두는, 따라서 물질이란 독립된 공허한 공간의 존재를 전제로 하는 자연상의 궁극적인 형식이며, 이것은 또 역학적 자연상의 전형을 이루는 것이다.

이미 고대 그리스에 있어서도 데모크리토스는 원자론을 제창하여 만물은 그 이상 분할할 수 없는 궁극적인 입자인 원자, 아톰으로 이루어진다고 했다. 'a'는 부정, 'tomos'는 분할을 뜻한다. 원자에는 무한히 많은 종류가 있고, 그것들은 형태와 크기로서 구별된다. 그리고 원자는 불생불멸(不生不滅)이며, 공허한 공간을 자동적으로 운동하고 모든 현상은 이것들의 분리와 결합에 의해 일어난다고 했다.

이미 1장에서 말했지만, 아리스토텔레스에 의한 진공의 부정은 원자론의 배경을 이루는 공허한 공간의 부정이며, 따라서 원자론 자체의 부정이었다. 그리고 아리스토텔레스는 물질과는 불가분의 공간을 예상했다.

르네상스에 있어서도 3장에서 말했듯이 데카르트에의 물질의 연속성과 그것으로 충만된 공간이 뉴턴의 원자론과 대립하고 있었다.

물질의 구성요소

그런데 물질의 성질을 그 구성요소로부터 설명하려 할 때, 구성요소가 곧 궁극적인 입자라는 것은 아니다. 거시적인 물체와 궁극적인 입자 사이에는 몇몇 중간 단계가 있어도 될 것이다. 구성요소의 성질은 그것의 또 다른 구성요소에 의해 설명되고, 이것을 몇 번이나 반복하여 끝내는 궁극적인 입자에 다다를지도 모른다.

이를테면 라부아지에의 원소는 화학반응이라는 수단에 의해서는 그 이상 분해할 수 없는 물질이며, 이 원소의 개념과 뉴턴의 원자의 개념을 결부한 것이 돌턴의 원자론이다. 즉 원소는 원자의 종류를 나타내고, 모든 물질은 92종류의 원자에 의해서 구성되는 것이다.

이들 원자는 따라서 화학반응 이외의 수단에 의해 더 작은 구성요소로 분해될지도 모르며, 실제로 우리는 원자가 원자핵과 몇 개의 전자(電子)로 구성돼 있고, 원자핵은 양성자(陽性子)

와 중성자(中性子)로 구성되며 다시 전자, 양성자, 중성자 등의 소립자도 더욱 궁극적인 것으로 설명되리라는 것을 알고 있다. 이런 문제에 대해서는 『물리학의 재발견(하)』에서 자세히 검토하기로 하겠다.

한편, 원자의 집단에서 화학반응에 의하지 않으면 분해되지 않는 것을 분자라고 부른다. 분자는 각 물질의 성질을 유지하는 한도에서의 최소의 구성요소이며, 이것을 다시 원자까지 분해하면 각 물질의 고유한 성질이 상실돼 버린다. 이를테면 물의 분자를 다시 원자로 쪼개면, 2개의 수소 원자와 1개의 산소 원자가 되고, 물의 성질이 상실된다. 게다가 수소나 산소도 또 각각 2개의 원자가 결합해서 분자를 형성하고 있다.

소재와 양식, 질료와 형상

그런데 열의 본성을 물질의 구조와 관련시켜 묻는다면, 다음의 두 가지 이미지가 떠오르지 않을까? 하나는 열도 일종의 물질이며, 그 양의 다소가 온도의 고저로 나타난다는 이미지고, 다른 하나는 열은 물질의 어떠한 상태이며, 그 상태의 차이를 가리키는 것이 온도라는 이미지다.

열에 대한 이 두 이미지가 물질의 불연속성, 즉 원자, 분자의 개념과 결부된다면 앞 것은 열의 원자에 해당하는 미소한 입자를 가정하는 것이 되고, 뒤 것은 원자, 분자의 운동 상태를 열이라고 가정하게 된다.

열물질은 열소(熱素), 칼로릭(caloric)이라고 불리는데, 이것은 라틴어의 열, 칼로르(calor)에서 딴 술어다. 질량은 온도에 따라서 변화하지 않으므로 열소는 질량을 가지더라도 극히 작은 것

〈그림 87〉 아리스토텔레스(B.C. 384~322)

이어야 할 것이다.

여기서 사고의 전형적인 두 패턴이 나타나 있다. 즉 어떤 물리량을 하나의 실체로 설명하느냐, 상태로 설명하느냐의 문제이며, 사물을 소재로 파악하느냐 양식(樣式)으로 파악하느냐, 아리스토텔레스의 말을 빌리면 질료(質料, 휘레)냐, 형상(形相, 에이도스)이냐는 문제다.

이를테면 삼각자는 소재(素材)로 말하면 합성수지이고, 양식으로 말하면 삼각형이다. 그리고 삼각자의 본질은 소재보다도 양식에 의해 파악되어야 할 것이다.

그런데 만약 내부 에너지와 역학적 에너지가 각각 독립적으로 보존된다면, 열소설(熱素說)도 분자운동론도 동등하게 성립될 것이다. 그러나 열역학의 제1원리가 말하듯이, 열과 일이 서로 전환되고, 에너지가 전체로서 보존된다면 열소의 생성, 소멸을 가정하기보다는 열의 에너지를 분자의 운동 상태로 돌리는 편이 합리적인 것처럼 생각된다.

역사적으로는 17세기의 뉴턴이나 그와 같은 시대의 역학 건설기의 사람들은 이미 열을 운동의 한 형식으로 보고 있었지만, 18세기가 되어 화학의 영향으로부터 열의 물질설이 유력하게 됐다. 일반적으로 물리학은 형상을 양식, 형성으로부터 파악하고, 화학은 소재, 질료로서 파악한다고 하겠다.

기체 분자운동론은 1850년대 말부터 1870년대에 걸쳐 맥스웰과 볼츠만에 의해 발전된 것이다.

기체의 성질

먼저 기체의 성질을 분자운동론에 의하여 설명해 보자.

분자는 뉴턴의 운동 원리에 따라서 운동한다. 기체에서 분자간의 거리는 평균적으로 분자의 크기에 비교해서 극히 크며, 분자 간의 힘은 분자의 크기 정도의 짧은 거리밖에 작용하지 않는다고 가정하면 분자는 서로 충돌하거나 또는 용기의 벽과 충돌할 때 이외는 등속도 운동을 하고 있다고 생각해도 된다. 또 충돌은 모두 완전탄성충돌이며, 역학에너지는 보존되는 것으로 한다.

기체의 압력은 분자가 벽에 충돌해서 운동량의 방향이 바뀔 때 분자가 벽에 미치는 힘이라고 생각하면 된다. 기체는 모서리의 길이가 ℓ인 입방체 용기에 담겨 있다고 하자. 지금 분자가 벽에 수직으로 충돌했다고 하면, 운동량의 크기는 변함이 없고 방향만이 반대가 되므로 분자의 질량을 m, 속도를 v로

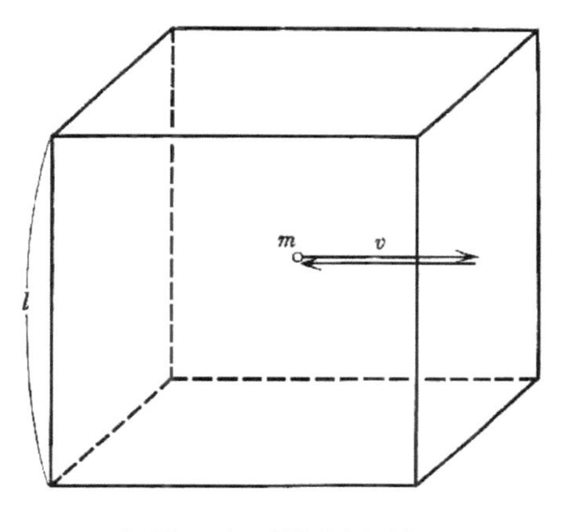

〈그림 88〉 기체의 분자운동

하면, 운동량의 변화는 2mv이다. 이 분자는 마주 향한 벽 사이를 왕복하며, 2ℓ의 거리를 운동하는 데에 2ℓ/v만큼의 시간이 걸리므로, 1초 동안에 한 벽에 충돌하는 횟수는 v/2ℓ로 주어진다. 따라서 분자의 운동량이 1초간의 변화, 즉 벽이 받는 힘은 2mv×v/2ℓ이 된다.

분자는 한 방향뿐 아니라 세 방향으로 운동하고 있으며 또 그 수 N이 지극히 많고, 게다가 완전히 무질서하게 운동하고 있으므로, 평균하면 전체의 1/3의 분자가 한 방향으로 운동하여 그쪽 방향의 벽을 미는 것이라고 생각하면 된다. 따라서 벽이 받는 압력(p)은, 즉 1㎠당의 힘이 $p=2mv\times(v/2\ell)\times\frac{1}{3}N/\ell^2$ $=\frac{2}{3}N\times\frac{1}{2}mv^2/\ell^3$이 된다.

분자의 속도는 균일하지 않으므로 속도의 제곱의 평균 $\overline{v^2}$를 취하면, $\frac{1}{2}m\overline{v^2}$는 분자의 평균 운동에너지다. 또 입방체의 부피를 V=ℓ^{3}으로 두어,

$$pV = \frac{2}{3}N \bullet \frac{1}{2}mv^2 \quad \cdots\cdots\cdots\cdots\cdots \quad \langle\text{수식 9-1}\rangle$$

즉 기체의 압력과 부피를 곱한 값은, 분자의 평균 운동에너지에 비례한다는 것을 안다.

따라서 기체의 상대방정식, 즉 보일-샤를의 법칙을 설명하는 데는 「절대온도는 분자의 평균 운동에너지에 비례한다」고 가정하면 된다. 즉,

$$\frac{1}{2}m\overline{v^2} = \frac{3}{2}kT \quad \cdots\cdots\cdots\cdots\cdots \quad \langle\text{수식 9-2}\rangle$$

여기서 비례상수(k)는 볼츠만상수라고 부른다. 그 값은 나중에 유도하기로 하자.

이렇게 해서 절대온도의 물리적 의미가 분명해졌다. 만약 분자가 모두 정지하면, 절대영도가 실현되는 셈이고 또 이 이하의 온도는 있을 수 없다.

그런데 〈수식 9-1〉에 〈수식 9-2〉를 대입하면, 이상기체(理想氣休)의 상태방정식,

$$pV = NkT \quad \cdots\cdots\cdots\cdots\cdots \quad \langle\text{수식 9-3}\rangle$$

가 유도된다. 여기서 P, V, T는 각각 압력, 부피, 절대온도, k는 볼츠만상수, N은 분자 수이다.

원자, 분자의 크기, 질량

상태방정식 〈수식 9-3〉에 따르면 압력(p), 부피(V), 온도(T)가 같으면 거기에 포함되는 분자의 수(N)는, 기체의 종류에 불구하고 동일하다는 것을 안다. 즉「같은 온도, 같은 압력 아래서 모든 기체는 같은 부피 속에 같은 수의 분자를 포함한다.」이것은 아보가드로의 가설로 알려져 있다.

따라서 아보가드로의 가설에 따르면 같은 온도, 같은 압력, 같은 부피의 기체의 질량비는 그것들의 기체 분자의 질량비와 같다.

보통 원자나 분자의 질량은 탄소의 동위원소 중에서 가장 가벼운 원자의 질량을 12로 하고, 그것과의 비례 값으로서 표시된다. 그리고 이것을 원자량(原子量), 분자량(分子量)이라고 부른다. 이를테면 수소의 원자량은 1.008, 산소는 16.0, 수소의 분자량은 2.016, 산소는 32, 물은 약 18이다.

또 그램 단위로 분자량에 같은 값의 질량을 1그램분자 또는 1몰(mol)이라고 한다. 이를테면 수소 1mol은 2.016g, 산소 1mol은 32g이다. 그리고 표준상태(0℃, 1기압)에 있어서의 1mol의 부피는 22.4ℓ와 같다. 1mol의 기체가 모두 같은 수의 분자를 포함한다는 것은 말할 나위도 없다.

거기서 분자의 수가 주어지기만 하면 분자의 실제 질량이 얻어진다. 어떤 실험이나 이론에 의해 분자의 수를 아는지는『물리학의 재발견(하)』에 미루기로 하고, 그 결과만을 적으면 모든 기체는 1mol 속에 0.6022×10^{24}개, 즉 0.6022의 1억 배의 또 그 1억 배 개의 분자를, 또 표준상태에서 1㎤ 속에 2.688×10^{19}개의 분자를 포함하고 있다. 앞 것의 수치는 몰분자 수, 아보가드로 수, 로슈미트 수 등으로 부르며, 뒤 것의 수치도 아보가드로 수라고 부르고 있다.

따라서 분자나 원자의 질량은 10^{-24}g, 1g의 1억 분의 1의 1억 분의 1의 또 그 1억 분의 1 정도다. 이를테면 제일 가벼운 수소 원자의 질량은 1.67×10^{-24}g이다.

또 원자나 분자의 크기는 10^{-8}㎝, 1억 분의 1㎝ 정도다. 이것은 이를테면 다음과 같이 해서 얻어진다. 현실의 기체는 보일-샤를의 법칙으로부터 벗어나기 때문에, 분자의 크기나 분자 간의 인력을 고려한 상태방정식(판데르 발스의 상태방정식)을 세워, 그것을 실험과 비교하는 것이다.

이것과 관련해서 이상기체는 크기를 갖지 않으며 상호작용도 하지 않는 분자의 모임이라는 것을 알 수 있다.

이와 같이 원자나 분자는 크기가 10^{-8}㎝, 질량이 10^{-24}g 정도이므로, 질량을 부피로 나누면 그 밀도는 1g/㎤, 비중은 1 정도가 되어 타당한 값이 된다.

여기서 원자나 분자의 크기나 수에 대한 이미지를 얻기 위해 다음과 같은 예를 들어 보자. 지금 바닷물을 한 컵 가득히 담아 그 속의 분자에 모조리 표지를 붙일 수 있었다고 하자. 다음에는 이 컵의 물을 다시 바다에 쏟아, 바다를 완전히 휘저은 다음, 표지가 붙은 분자가 전 세계의 바다에 균일하게 번지게 했다고 하자. 그리고 희망하는 장소에서 다시 바닷물을 한 컵 떠냈다고 하면, 그 속에 표지를 한 분자가 얼마큼이나 들어 있을까? 바다의 너비로 보아서는 1개도 발견되지 않을지도 모른다고 생각할지 모르나, 사실은 평균 100개나 발견될 것이다.

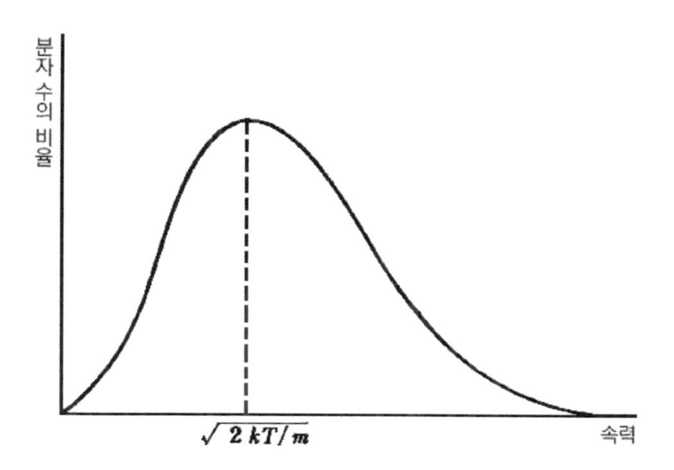

〈그림 89〉 맥스웰-볼츠만의 속도 분포

기체 분자는 얼마만 한 속도로 운동하는가

상태방정식 〈수식 9-3〉으로 되돌아가자. 분자의 수(N)를 알면, 이 식으로부터 볼츠만상수(k)를 구할 수 있다. 그 값은 다음과 같다.

$k = 1.38 \times 10^{-16}$에르그/도 $= 1.38 \times 10^{-23}$줄/도……………〈수식 9-4〉

또 볼츠만상수(k)와 몰분자 수(N_A)를 곱한 값(R)을 기체상수라고 한다.

$R = N_A k = 8.314 \times 10^{7}$에르그/도 $= 8.314$줄/도……………〈수식 9-5〉

따라서 상태방정식 〈수식 9-3〉은 1mol의 기체에 대해서는 다음과 같이도 표현된다.

$pV = RT$ …………… 〈수식 9-6〉

<표 3> 기체 분자의 평균속도(0℃)

기체	분자량	평균속도(m/s)
수소(H_2)	2.016	1,840
헬륨(He)	4.00	1,300
질소(N_2)	28.0	493
산소(O_2)	32.0	461
탄산가스(CO_2)	44.0	394

이렇게 해서 볼츠만상수가 결정되면 <수식 9-2>로부터 분자의 평균속도 $\sqrt{\overline{v^2}}$를 구할 수 있다. 분자의 평균속도와 절대온도의 제곱근에 비례하고 질량, 따라서 분자량의 제곱근에 반비례하는 것은 물론이다.

이에 있어서의 분자의 평균속도를 몇몇 기체에 대해서 <표 3>으로 보여둔다.

그런데 공기 속을 전달하는 소리(音)의 속도는 0℃에서 331m/초이며, 온도의 상승과 더불어 증대한다. 소리의 속도가 분자의 속도와 관련을 가지리라는 것은 쉽게 추측될 것이다.

그렇다면 각각의 온도에서 어떤 속도의 분자가, 어떤 비율로 섞여 있을까? 이것도 이론적으로 이끌 수 있어서 맥스웰-볼츠만의 속도 분포법칙이라고 불린다.

이것에 따르면, 속도의 크기 $\sqrt{2kT/m}$를 갖는 분자의 비율이 가장 크고, 속도가 이보다 작아지면 그 비율도 작아져서 속도 제로에서는 제로가 된다. 또 속도가 이 값을 넘어도 그 비율은 작아지며 제로에 가까워진다. 온도의 상승과 더불어 이 분포는, 속도가 큰 쪽으로 쏠리는 것은 말할 나위도 없다.

우라늄의 동위원소 분리

이번에는 혼합기체를 생각해 보자. 분자의 평균 운동에너지는, 운동만으로 결정되고, 어느 기체 분자에 대해서도 같다. 그러나 분자의 질량은 각각 다르기 때문에 평균속도는 기체에 따라 다르고, 질량이 작은 분자가 평균적으로 속도가 크다는 것이 된다.

이것은 혼합기체를 분리하는 방법을 시사한다. 이를테면 우라늄은 6플루오린화우라늄으로 하면 쉽게 기체가 된다. 그래서 작은 구멍을 많이 뚫은 막(膜)을 통과하게 하면 가벼운 분자, 즉 우라늄 235와 화합한 분자의 비율이 늘고, 이것을 몇 번이나 반복하여 핵분열(核分製)을 일으키는 동위원소(同位元素)를 농축할 수 있다.

동위원소를 분리하는 데는 화학적 성질이 같으므로 질량의 차를 이용해야 한다.

기체의 내부 에너지

그런데 〈수식 9-1〉의 우변에 나타나는 양, $N \cdot \frac{1}{2}m\overline{v^2}$는, 분자의 평균 운동에너지에 분자의 수를 곱한 것이며, 분자의 전체운동에너지와 같다. 이것이 기체의 내부 에너지라고 가정해도 된다. 즉,

$$U = N \cdot \frac{1}{2}m\overline{v^2} \quad \cdots\cdots\cdots\cdots\cdots \quad \text{〈수식 9-7〉}$$

이다. 따라서 〈수식 9-2〉로부터

$$U = \frac{3}{2}NkT \quad \cdots\cdots\cdots\cdots\cdots \quad \langle 수식\ 9\text{-}8 \rangle$$

즉, 「기체의 내부 에너지는 절대온도에 비례한다.」

특히 1mol의 기체에 대해서는,

$$U = \frac{3}{2}RT \quad \cdots\cdots\cdots\cdots\cdots \quad \langle 수식\ 9\text{-}9 \rangle$$

라고 표시된다.

비열과 자유도

내부 에너지로부터 비열(比熱)을 구할 수 있다.

8장 〈수식 8-6〉에 있어서 부피가 변화하지 않을 경우에 일의 형태로 드나드는 에너지는 없으며, 내부 에너지의 변화는 열의 형태로 드나드는 에너지와 같다. 즉 $U_2 - U_1 = JQ$이다.

또 〈수식 8-1〉에 의하여 열용량은 드나드는 열과 온도 변화의 비로 주어진다. 즉 $C = Q/(T_2 - T_1)$이다.

이 두 식으로부터,

$$C = \frac{1}{J} \cdot \frac{U_2 - U_1}{T_2 - T_1} \quad \cdots\cdots\cdots\cdots\cdots \quad \langle 수식\ 9\text{-}10 \rangle$$

즉 열용량은, 내부 에너지의 온도에 관한 변화의 비율로서 주어진다.

기체에 대해서 내부 에너지는 〈수식 9-8〉, 〈수식 9-9〉로 주어지기 때문에, 특히 1mol을 취하면 부피를 일정하게 유지했을 때의 열용량, 즉 정적(定積) mol 비열은

〈표 4〉 기체의 비열

기체	정적비열(cal/도·mol)
헬륨(He)	3.01
아르곤(Ar)	2.99
수소(H_2)	4.85
질소(N_2)	4.92
산소(O_2)	5.05

$$C = \frac{1}{J} \cdot \frac{2}{3}R$$

$$= 2.97 cal/도 \cdot mol \quad \cdots\cdots\cdots\cdots\cdots \quad 〈수식\ 9\text{-}11〉$$

와 같게 된다.

그래서 이것을 실험과 비교하면 〈표 4〉에 보였듯이 헬륨, 아르곤 등에 대해서는 지극히 좋은 일치를 볼 수 있는데도 수소, 질소, 산소 등에 대해서는 측정값이 이론값의 약 5/3배로 돼 있다는 것을 안다.

그러면 수소, 질소, 산소의 분자가 헬륨, 아르곤의 분자와 어디가 다르냐고 하면, 뒤 것이 단 1개의 원자로 이루어지는 1원자 분자인 데 반해, 앞 것은 각각 2개의 원자가 결합한 2원자 분자라는 점이다.

1원자분자는 x, y, z 세 방향의 병진운동(竝進運動)밖에 하지 않는데, 2원자분자는 그 밖에 결합축(結合軸)에 수직이고, 또 서로가 수직인 두 축 주위의 회전운동도 한다. 즉 1원자분자의 자유도는 3이고, 2원자분자는 5의 자유도를 가지고 있다.

그런데 〈수식 9-2〉에서 주어진 것과 같은 분자의 평균 운동에너지는 x, y, z 세 방향의 병진운동으로부터의 기여가 각각

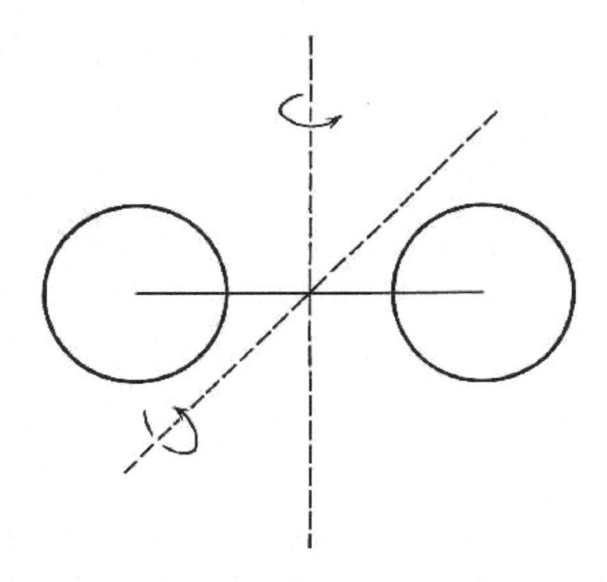

〈그림 90〉 두 원자분자의 자유도

대등하게 합산된 것이라고 생각해도 되므로, 분자의 평균에너지는 병진운동의 각 자유도당 $\frac{1}{2}kT$와 같게 된다.

그래서 만약 분자의 평균에너지가 병진운동뿐 아니라 회전운동에 대해서도 각 자유도당 $\frac{1}{2}kT$씩 배분된다면, 2원자분자의 평균에너지는 $\frac{5}{2}kT$가 될 것이다. 이와 같은 배분법칙은, 가장 일반적으로 모든 자유도에 대해서 성립돼 있으며, 에너지 등배분(等配分)의 법칙이라고 불린다.

따라서 2원자분자 기체 1mol의 내부 에너지는,

$$U = \frac{5}{2}RT \quad \cdots\cdots\cdots\cdots\cdots \quad \langle 수식\ 9\text{-}12 \rangle$$

로 주어지고, 그 정적 mol 비열은,

$$C = \frac{1}{J} \cdot \frac{5}{2}R$$
$$= 4.95cal/도 \cdot mol \quad \cdots\cdots\cdots\cdots\cdots \quad \langle 수식\ 9\text{-}13 \rangle$$

이 되어, 측정값이 설명된다.

그러면 이런 의문이 남게 될 것이다. 결합축에 연한 두 원자핵의 진동운동이나, 원자핵 주위의 전자의 운동 등의 자유도는 어째서 비열에 효과가 없을까? 이런 문제는 『물리학의 재발견(하)』에서 다루기로 하겠다.

브라운 운동

고체나 액체에 대해서도 간단히 언급해 두고 싶다.

고체에서 원자의 상호위치는 변화하지 않고, 각 원자가 무질서하게 진동하고 있으며, 그 내부 에너지는 각 원자의 운동에너지와 위치에너지의 합에 같고, 절대온도에 비례하고 있다.

액체는 기체와 고체의 중간 상태에 있으며, 좁은 범위로 보면 고체를, 광범하게는 기체를 닮았다. 액체 분자가 역시 무질서하게 운동하고 있다는 것은 브라운 운동에 의해 증명된다. 꽃가루와 같은 작은 물체가 액체에 떠 있으면 그것은 부단히 불규칙한 운동을 계속한다. 이것은 무질서하게 운동하고 있는 액체 분자가 꽃가루와 충돌해서 일어나는 것인데, 꽃가루가 작기 때문에 충돌하는 분자의 수가 방향에 따라 달라지는 데서

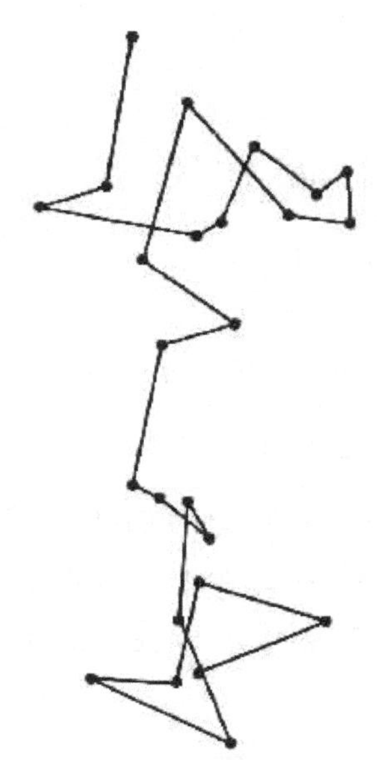

〈그림 91〉 브라운 운동

말미암는다(그림 91).

일반적으로 평균으로부터 처져서 무질서하게 변동하는 현상을 요동(搖動)이라고 한다. 브라운 운동은 그것의 한 예다.

또 이 브라운 운동으로부터 아보가드로 수의 대체적인 값을 구할 수도 있다.

평균값으로 주어지는 양—내포량

이상 논의한 것처럼 우리는 열현상을 다룸에 있어서 개개의 원자, 분자의 운동을 추적하는 것이 아니라 원자, 분자의 집단으로서의 행동을 압력, 부피, 온도 등으로 파악했다. 그리고 개개의 원자, 분자의 운동은 무질서한데도, 집단으로서의 행동에는 그 수가 막대하기 때문에 보일-샤를의 법칙에서 볼 수 있듯 질서가 나타난다는 것을 알았다.

일반적으로 많은 입자로 구성되고 자유도가 극히 큰 체계에는, 개개의 구성입자가 따르는 법칙과는 질적으로 다른 법칙이 발견된다. 이것들을 통계법칙(統計法則)이라고 부른다.

그리고 거시적 세계의 법칙을 미시적 구성요소의 역학에 바탕을 두고 그 집단적 행동으로서 설명하는 이론적 방법을 통계역학(統計力學)이라고 한다. 기체 분자운동론은 그것의 첫 단계다.

여기서 온도와 압력에 대해 극히 중요한 점을 지적해 두겠다. 먼저 이것들은 모두 분자운동에 대한 어떠한 평균값을 나타내는 양이다. 한편 8장에서 말했듯이 온도와 압력은 내포량(內包量), 강도적 양(強度的量)이다. 같은 온도인 두 물체를 결합하더라도 온도는 가산되지 않으며, 전체 온도는 본래와 변함이 없다. 또 기체의 압력은 용기에 칸막이를 하더라도 각각 양쪽에서 본래와 같은 값을 가지고 있다.

이렇게 해서 온도나 압력이 내포량이라는 것은 그것들이 평균값으로 주어지는 양이기 때문이다. 즉 평균값이 같은 것을 합산하더라도, 합산된 것의 평균값은 본래의 값과 같다.

이를테면 평균수명이 같은 나라가 둘 있으면, 두 나라의 인구를 합산하여 평균을 취하더라도 그것은 본래와 같은 수명이 될 것이다.

따라서 만약 앞으로 새로운 내포량이 발견된다면 그것도 어떠한 평균값을 나타내고 있는 것이 아닐지 생각해 봐야 한다.

보다 무질서한 상태를 향해서

그러면 열역학의 제1원리, 제2원리는 분자운동론의 입장에서는 어떻게 해석될까?

이미 고찰했듯이 내부 에너지는 바로 물체를 구성하고 있는 분자의 무질서한 열운동의 역학적 에너지다.

따라서 열역학의 제1원리는 「물체 전체로서의 질서적인 운동의 역학적 에너지와 물체를 구성하고 있는 개개 분자의 무질서한 운동의 역학적 에너지는 서로 변이할 수 있고, 그리고 그것들의 에너지 합계는 늘 일정하다」는 것을 말한다.

또 열역학의 제2원리는 「물체 전체로서의 질서적인 운동과 물체를 구성하고 있는 개개 분자의 무질서한 열운동 간의 역학적 에너지의 변이는 어느 방향으로도 똑같이 일어나는 것이 아니라, 질서성이 증대할 만한 방향으로의 변이는 저절로는 일어나지 않는다」는 것, 「또 열운동 간의 변이도, 전체로서 질서성을 증대할 만한 방향으로는 일어나지 않는다」는 것을 말하고 있다.

거친 평면 위를 운동하는 물체는 마찰에 의해 그 운동에너지를 상실하는데, 그것은 물체 자신이나 물체가 접촉하는 평면의 분자의 열운동에너지가 되어 온도의 상승을 가져온다. 그러나 분자의 열운동에너지가 저절로 물체의 운동에너지로 변이하여 정지해 있던 물체가 운동을 시작하는 일은 절대로 일어나지 않는다.

즉 방향이 같은 운동에서 무질서한 운동으로는 옮아가더라도, 무질서한 운동이 저절로 방향이 같아지는 일은 일어나지 않는다.

또 기체의 확산도 분자의 운동이 가능한 범위가 확산됐기 때문에 보다 무질서해졌다고 생각해도 된다.

이렇게 해서 열현상의 비가역성은 분자의 열운동이 질서성을 증대할 만한 방향으로는 결코 저절로 변하지 않는다는 것으로 설명된다.

따라서 엔트로피는 무질서성의 척도라고도 할 수 있다. 그리고 엔트로피의 증대는 자연계가 늘 보다 무질서한 상태를 향해 나아간다는 것을 뜻하고 있다.

자연은 확률성을 찾아 진행된다

그렇다면 역학현상은 본래 가역적인데도 비가역적인 열현상을 어떻게 하여 분자의 역학적인 운동으로부터 설명할 수 있을까? 기체의 확산을 예로 들어 이것을 설명하자.

용기의 한가운데에 칸막이를 설치하고, 한쪽 A에 기체를 넣고 다른 쪽 B는 진공으로 해 둔다. 그리고 칸막이에 구멍을 뚫으면 기체는 용기 전체로 확산하여 도처에서 균일한 밀도나 압력이 될 것이다. 그러나 반대로 용기 전체에 퍼져 있는 기체가, 어느 한쪽 절반에만 몰리고 다른 절반이 진공이 되는 일은 절대로 일어나지 않는다.

지금 1개 분자에 대해 생각하면, 그것이 A쪽에 있을 확률은 1/2, B쪽에 있을 확률도 1/2이다. 따라서 기체 분자가 2개뿐이라고 하면 2개가 모두 A에 있을 확률은 $1/2 \times 1/2 = 1/4$, 2개가 다 B에 있을 확률도 1/4, 1개씩 A와 B에 있을 확률은 1/2이다. 이것은 동전을 두 번 던져서 두 번 다 앞면이거나 또는 뒷면일 확률과 앞과 뒤가 한 번씩 나올 확률과 각각 같다. 만

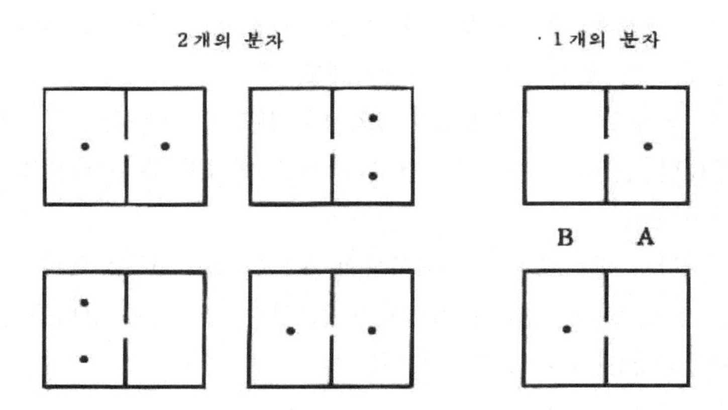

〈그림 92〉 기체의 확산과 상태의 확률

약 분자가 3개 있다면 3개 모두 A에 있을 확률은 $(1/2)^3=1/8$이다.

일반적으로 분자가 n개 있으면 그 n개가 모두 A에 있을 확률은 $(1/2)^n$이 된다. 그리고 분자 수(n)가 극히 크면, $(1/2)^n$은 거의 제로다. 즉 막대한 수의 분자가 모조리 용기 절반에 몰리는 일은 거의 일어나지 않는다고 해도 된다.

결국 기체 분자가 용기의 절반에서 전체로 퍼지고, 보다 무질서한 상태가 되는 것은 확률이 작은 상태로부터 확률이 큰 상태로 변한다는 것이다.

즉 자연현상은 늘 확률이 큰 상태를 향해 진행한다. 이것이 엔트로피 증대가 뜻하는 바다. 그리고 엔트로피는 확률의 대수(對數)에 비례한다는 것이 유도된다.

생물과 엔트로피

확률의 사고 방법으로부터 알 수 있듯이 몇 종류의 물질이 존재할 때 그것들이 균일하게 섞여 있는 상태가 가장 무질서하며, 각각 종류별로 나뉘어져 있는 상태가 가장 질서 있다. 또 물질이 어떤 일정한 형태를 취하고 있는 것도 하나의 질서성이며, 질서성이 상실되면 형태도 불규칙하게 된다.

생물은 어떤 특정 물질을 어떤 특정 형태로 모아놓고 있으며, 어떤 질서성을 지니고 있다. 생물이 열역학의 제2원리에 반하여 그 질서성을 유지해 가기 위해서는 외계로부터 질서성을 받아들여야 한다. 즉 질서성을 먹이로 섭취하고, 보다 무질서하게 배출하는 것이다.

즉 생물은 살아 있는 것으로 그 엔트로피가 증대하기 때문에 그것을 상쇄하기 위해서, 말하자면 마이너스의 엔트로피를 먹고 신체가 무질서하게 되는 것을 막는다.

또 물질은 모두 열역학의 제2원리에 따라 차츰차츰 혼합해 가므로, 공해물질도 예외는 아니다. 그것들을 모아놓는 일이 이루어지지 않는 한 공해물질은 저절로 번져 나간다.

역학과 장의 이론

『물리학의 재발견(상)』의 주제는 역학이었다. 역학은 운동의 원리에 따라 운동하는 입자와, 그것들이 운동하는 터전으로서의 공허한 공간을 전제로 하고 있다. 그리고 입자 간에 작용하는 힘은 세기가 거리에만 의존하는 인력 또는 반발력이었다.

물질의 불연속성에 토대를 두는 원자론은 곧 역학적인 자연상의 구체화다.

역학은 그 이론체계로서의 완벽성을 과시하는 동시에 천문학, 열학의 거시적 세계에 있어서도, 미시적 세계에 있어서도 훌륭한 성과를 거두었다.

우리의 목표는 나머지 다른 분야, 빛이나 전기, 자기의 현상 마저도 역학에 의하여 설명하는 일이어야 한다.

그러나 한편 이 책의 첫머리에 적은 중력에 대한 의문, 그것에 수반하는 공간의 개념에 대한 반성은 역학, 물질의 불연속성, 공허한 공간에 대해 물질로 충만된 공간과 그 연속성에 토대를 두는 장(場)의 이론과 가능성을 시사하고 있는 것 같다.

『물리학의 재발견(하)』에서는 역학의 탄성체, 유동체 등, 즉 연속체로의 적용을 통해서 장의 이론이 형성돼 갈 것이다. 그리고 패러데이, 맥스웰에 의한 전자기장(電磁氣場) 이론에서부터 중력장(重力場) 이론으로서의 상대성이론, 장의 양자론(量子論)에 의한 소립자의 설명이 전개될 것이다.

물리학의 재발견(상)
물질로부터 공간으로

초판 1쇄 1980년 10월 20일
개정 1쇄 2018년 09월 03일

저자 다카노 요시로
역자 한명수
펴낸이 손영일
펴낸곳 전파과학사
주소 서울시 서대문구 증가로 18, 204호
등록 1956. 7. 23. 등록 제10-89호
전화 (02)333-8877(8855)
FAX (02)334-8092
홈페이지 www.s-wave.co.kr
E-mail chonpa2@hanmail.net
공식블로그 http://blog.naver.com/siencia
ISBN 978-89-7044-833-6 (03420)
파본은 구입처에서 교환해 드립니다.
정가는 커버에 표시되어 있습니다.

도서목록

현대과학신서

A1 일반상대론의 물리적 기초
A2 아인슈타인 I
A3 아인슈타인 II
A4 미지의 세계로의 여행
A5 천재의 정신병리
A6 자석 이야기
A7 러더퍼드와 원자의 본질
A9 중력
A10 중국과학의 사상
A11 재미있는 물리실험
A12 물리학이란 무엇인가
A13 불교와 자연과학
A14 대륙은 움직인다
A15 대륙은 살아있다
A16 창조 공학
A17 분자생물학 입문 I
A18 물
A19 재미있는 물리학 I
A20 재미있는 물리학 II
A21 우리가 처음은 아니다
A22 바이러스의 세계
A23 탐구학습 과학실험
A24 과학사의 뒷얘기 1
A25 과학사의 뒷얘기 2
A26 과학사의 뒷얘기 3
A27 과학사의 뒷얘기 4
A28 공간의 역사
A29 물리학을 뒤흔든 30년
A30 별의 물리
A31 신소재 혁명
A32 현대과학의 기독교적 이해
A33 서양과학사
A34 생명의 뿌리
A35 물리학사
A36 자기개발법
A37 양자전자공학
A38 과학 재능의 교육
A39 마찰 이야기
A40 지질학, 지구사 그리고 인류
A41 레이저 이야기
A42 생명의 기원
A43 공기의 탐구
A44 바이오 센서
A45 동물의 사회행동
A46 아이작 뉴턴
A47 생물학사
A48 레이저와 홀러그러피
A49 처음 3분간
A50 종교와 과학
A51 물리철학
A52 화학과 범죄
A53 수학의 약점
A54 생명이란 무엇인가
A55 양자역학의 세계상
A56 일본인과 근대과학
A57 호르몬
A58 생활 속의 화학
A59 셈과 사람과 컴퓨터
A60 우리가 먹는 화학물질
A61 물리법칙의 특성
A62 진화
A63 아시모프의 천문학 입문
A64 잃어버린 장
A65 별· 은하 우주

도서목록

BLUE BACKS

1. 광합성의 세계
2. 원자핵의 세계
3. 맥스웰의 도깨비
4. 원소란 무엇인가
5. 4차원의 세계
6. 우주란 무엇인가
7. 지구란 무엇인가
8. 새로운 생물학(품절)
9. 마이컴의 제작법(절판)
10. 과학사의 새로운 관점
11. 생명의 물리학(품절)
12. 인류가 나타난 날Ⅰ(품절)
13. 인류가 나타난 날Ⅱ(품절)
14. 잠이란 무엇인가
15. 양자역학의 세계
16. 생명합성에의 길(품절)
17. 상대론적 우주론
18. 신체의 소사전
19. 생명의 탄생(품절)
20. 인간 영양학(절판)
21. 식물의 병(절판)
22. 물성물리학의 세계
23. 물리학의 재발견〈상〉
24. 생명을 만드는 물질
25. 물이란 무엇인가(품절)
26. 촉매란 무엇인가(품절)
27. 기계의 재발견
28. 공간학에의 초대(품절)
29. 행성과 생명(품절)
30. 구급의학 입문(절판)
31. 물리학의 재발견〈하〉
32. 열 번째 행성
33. 수의 장난감상자
34. 전파기술에의 초대
35. 유전독물
36. 인터페론이란 무엇인가
37. 쿼크
38. 전파기술입문
39. 유전자에 관한 50가지 기초지식
40. 4차원 문답
41. 과학적 트레이닝(절판)
42. 소립자론의 세계
43. 쉬운 역학 교실(품절)
44. 전자기파란 무엇인가
45. 초광속입자 타키온
46. 파인 세라믹스
47. 아인슈타인의 생애
48. 식물의 섹스
49. 바이오 테크놀러지
50. 새로운 화학
51. 나는 전자이다
52. 분자생물학 입문
53. 유전자가 말하는 생명의 모습
54. 분체의 과학(품절)
55. 섹스 사이언스
56. 교실에서 못 배우는 식물이야기(품절)
57. 화학이 좋아지는 책
58. 유기화학이 좋아지는 책
59. 노화는 왜 일어나는가
60. 리더십의 과학(절판)
61. DNA학 입문
62. 아몰퍼스
63. 안테나의 과학
64. 방정식의 이해와 해법
65. 단백질이란 무엇인가
66. 자석의 ABC
67. 물리학의 ABC
68. 천체관측 가이드(품절)
69. 노벨상으로 말하는 20세기 물리학
70. 지능이란 무엇인가
71. 과학자와 기독교(품절)
72. 알기 쉬운 양자론
73. 전자기학의 ABC
74. 세포의 사회(품절)
75. 산수 100가지 난문·기문
76. 반물질의 세계(품절)
77. 생체막이란 무엇인가(품절)
78. 빛으로 말하는 현대물리학
79. 소사전·미생물의 수첩(품절)
80. 새로운 유기화학(품절)
81. 중성자 물리의 세계
82. 초고진공이 여는 세계
83. 프랑스 혁명과 수학자들
84. 초전도란 무엇인가
85. 괴담의 과학(품절)
86. 전파란 위험하지 않은가(품절)
87. 과학자는 왜 선취권을 노리는가?
88. 플라스마의 세계
89. 머리가 좋아지는 영양학
90. 수학 질문 상자

91. 컴퓨터 그래픽의 세계
92. 퍼스컴 통계학 입문
93. OS/2로의 초대
94. 분리의 과학
95. 바다 야채
96. 잃어버린 세계·과학의 여행
97. 식물 바이오 테크놀러지
98. 새로운 양자생물학(품절)
99. 꿈의 신소재·기능성 고분자
100. 바이오 테크놀러지 용어사전
101. Quick C 첫걸음
102. 지식공학 입문
103. 퍼스컴으로 즐기는 수학
104. PC통신 입문
105. RNA 이야기
106. 인공지능의 ABC
107. 진화론이 변하고 있다
108. 지구의 수호신·성층권 오존
109. MS-Window란 무엇인가
110. 오답으로부터 배운다
111. PC C언어 입문
112. 시간의 불가사의
113. 뇌사란 무엇인가?
114. 세라믹 센서
115. PC LAN은 무엇인가?
116. 생물물리의 최전선
117. 사람은 방사선에 왜 약한가?
118. 신기한 화학매직
119. 모터를 알기 쉽게 배운다
120. 상대론의 ABC
121. 수학기피증의 진찰실
122. 방사능을 생각한다
123. 조리요령의 과학
124. 앞을 내다보는 통계학
125. 원주율 π의 불가사의
126. 마취의 과학
127. 양자우주를 엿보다
128. 카오스와 프랙털
129. 뇌 100가지 새로운 지식
130. 만화수학 소사전
131. 화학사 상식을 다시보다
132. 17억 년 전의 원자로
133. 다리의 모든 것
134. 식물의 생명상
135. 수학 아직 이러한 것을 모른다
136. 우리 주변의 화학물질
137. 교실에서 가르쳐주지 않는 지구이야기
138. 죽음을 초월하는 마음의 과학
139. 화학 재치문답
140. 공룡은 어떤 생물이었나
141. 시세를 연구한다
142. 스트레스와 면역
143. 나는 효소이다
144. 이기적인 유전자란 무엇인가
145. 인재는 불량사원에서 찾아라
146. 기능성 식품의 경이
147. 바이오 식품의 경이
148. 몸 속의 원소 여행
149. 궁극의 가속기 SSC와 21세기 물리학
150. 지구환경의 참과 거짓
151. 중성미자 천문학
152. 제2의 지구란 있는가
153. 아이는 이처럼 지쳐 있다
154. 중국의학에서 본 병 아닌 병
155. 화학이 만든 놀라운 기능재료
156. 수학 퍼즐 랜드
157. PC로 도전하는 원주율
158. 대인 관계의 심리학
159. PC로 즐기는 물리 시뮬레이션
160. 대인관계의 심리학
161. 화학반응은 왜 일어나는가
162. 한방의 과학
163. 초능력과 기의 수수께끼에 도전한다
164. 과학·재미있는 질문 상자
165. 컴퓨터 바이러스
166. 산수 100가지 난문·기문 3
167. 속산 100의 테크닉
168. 에너지로 말하는 현대 물리학
169. 전철 안에서도 할 수 있는 정보처리
170. 슈퍼파워 효소의 경이
171. 화학 오답집
172. 태양전지를 익숙하게 다룬다
173. 무리수의 불가사의
174. 과일의 박물학
175. 응용초전도
176. 무한의 불가사의
177. 전기란 무엇인가
178. 0의 불가사의
179. 솔리톤이란 무엇인가?
180. 여자의 뇌·남자의 뇌
181. 심장병을 예방하자